《商用密码知识与政策干部读本》
编 委 会

顾　　问：蔡吉人　周仲义　倪光南　沈昌祥　邬贺铨　冯登国

主　　任：李兆宗

副 主 任：毛　明　徐汉良

委　　员：（按姓氏笔画排序）

于艳萍　马奇学　王永传　安晓龙　杜　晶　李国海

张　华　张平武　陈　灏　周国良　姚思远　陶学平

彭　洪　童新海　谢四江　谢永泉　霍　炜

主　　编：徐汉良

责任主编：毛　明　张平武

副 主 编：霍　炜　安晓龙　童新海

商用密码知识与政策干部读本

《商用密码知识与政策干部读本》编委会

人民出版社

在重要领域、重点人群乃至全社会普及密码知识和政策，在金融和重要领域推进密码应用，是落实习近平总书记网络强国战略思想、构建安全可控信息技术体系的一项重要举措。没有网络安全就没有国家安全，密码作为网络安全的核心技术，是保护国家安全和根本利益的战略性资源。了解密码知识、熟悉密码政策、推进密码应用，是新时期对党政干部的一项新要求。要树立以总体国家安全观为统领、以密码为基础支撑的网络安全观，在相关工作中全面推进密码应用，切实维护国家安全、促进经济发展、保护人民群众利益。

—— 摘自栗战书同志 2017 年 3 月
在密码应用工作会议上的讲话

序　言

　　密码工作直接关系国家政治安全、经济安全、国防安全和网络安全,直接关系社会组织和公民个人的合法权益。商用密码工作是密码工作的重要组成部分,在维护国家安全、促进经济发展、保护人民群众利益中发挥着不可替代的重要作用。

　　党中央、国务院高度重视商用密码工作,1999 年 10 月国务院颁布《商用密码管理条例》。党的十八大以来,在以习近平同志为核心的党中央坚强领导下,在习近平总书记总体国家安全观和网络强国战略思想指引下,商用密码发展取得重要突破,法规标准体系逐步健全,管理体制机制不断完善,科技创新能力显著增强,形成了从密码芯片到密码服务完全自主可控的产业链条,积极服务于"一带一路"建设、"互联网+"行动计划、智慧城市建设和大数据战略,有力支撑了商用密码在金融、教育、社保、交通、通信、能源、军工、工业制造等重要领域的广泛应用,网络空间密码保障能力大幅提升。

　　当前,国际局势正在发生深刻变化,世界多极化和经济全球化趋势在曲折中发展,科技进步日新月异,国际竞争日趋激烈,国家网络安全和信息化整体水平已成为一个国家综合国力和竞争力的重要指标,密码技术作为国家自主可控的核心技术,在维护国家安全、主权和发展利益中发挥着越来越重要的作用。虽然我国商用密码已取得很大成绩,但总体上还处于初期发展阶段,尤为突出的是,重要网络和信息系统使用密码还不广泛、不规范,自主可控意识还不强,密码应用的社会基础还很薄弱。

形势逼人,不进则退。顺应世界网络安全和信息化发展趋势,加快推进基础信息网络、重要信息系统、重要工业控制系统和政务信息系统密码应用,推进金融和重要领域网络安全和信息化实现跨越式发展,是保护国家政权安全的必然选择,是维护我国网络空间主权的必由之路,是保护人民群众切身利益的必需之举。我们要始终坚持党管密码不动摇、创新发展不动摇、服务大局不动摇,落实"谁主管、谁负责,谁运行、谁负责"的工作原则,加快推进金融和重要领域密码应用。在国家安全法制建设的总体框架下,加快构建以《密码法》为核心的密码法规制度体系,建设以密码国家标准和行业标准为主体的密码标准体系,形成依法依规依标准推进密码应用的新格局。通过合规、正确、有效使用密码,在网络空间建立以密码技术为核心、多种技术相互融合、共同作用的新安全体制;建设以密码基础设施为底层支撑的新安全环境;实现可信互联、开放共享的新安全文明。

落实中央领导同志要求,广泛开展密码应用政策宣传和教育培训,推动密码知识在重要领域、重点人群乃至全社会的普及,既是确保我国金融和重要领域密码应用顺利推进的一项基础性工作,也是加强干部教育培训和人才队伍建设的一项重要内容。为便于各地区、各部门,各级党校、行政学院组织开展相关培训和各级党政干部学习掌握密码相关知识,国家密码管理局组织专家学者和业务骨干编写了《商用密码知识与政策干部读本》,《读本》是我国第一部系统介绍商用密码技术与应用的著作。希望本书的出版,能够对各级领导干部和广大公务员学习密码知识和政策有所帮助,对抓好密码应用推进工作有所辅助,对应用密码技术和利用密码资源有所启引。各级党政干部和全社会要携手推动密码全面应用,共同筑就国家网络和信息安全屏障,为维护好国家安全和根本利益,实现中华民族伟大复兴的中国梦作出新的贡献!

国家密码管理局

2017 年 9 月 30 日

目　录 | CONTENTS ▶

第二部分　密码技术基础知识

第三部分　商用密码管理

第五部分　商用密码应用案例

附　录

绪　　论

　　密码①分为核心密码、普通密码和商用密码②,商用密码用于保护不属于国家秘密的信息。经过二十多年的发展,我国商用密码从无到有、从弱到强,取得了丰硕成果。特别是党的十八大以来,商用密码工作全面推进,在依法管理、科技创新、产业发展、应用推广等方面成绩斐然,基本满足了国民经济和社会发展对商用密码的应用需求,在保障国家网络与信息安全方面发挥了重要作用。

　　为帮助各级领导干部了解和学习商用密码基础知识与相关政策,国家密码管理局组织专家学者和业务骨干,围绕"怎么看密码、什么是密码、怎么管密码、怎么用密码、哪里用密码"等问题,编写了《商用密码知识与政策干部读本》(以下简称《读本》),《读本》共分五个部分。

　　第一部分"商用密码发展的形势与任务",回答了"怎么看密码"。在网络空间中,实体身份认证、信息来源认证、信息存储与

---

① 密码:使用特定变换对数据等信息进行加密保护或者安全认证的物项和技术。
② 商用密码:是指对不涉及国家秘密的信息进行加密保护或者安全认证所使用的密码。

传输安全等都需要用密码来实现和保护。密码技术是实现网络安全的基石,是保障网络与信息安全的核心技术和基础支撑,是解决网络与信息安全最有效、最可靠、最经济的手段,是信息系统内置的免疫基因,没有密码就没有网络安全。本部分结合网络信息安全事件说明了密码应用的重要性、必要性和紧迫性;围绕国家政策、应用需求和新技术发展,分析了商用密码发展面临的机遇与挑战;系统阐述了新时期商用密码深化管理改革、强化自主创新、推进合规正确有效应用等方面的主要任务。

第二部分"密码技术基础知识",回答了"什么是密码"。口令不是密码,密码不是口令。从技术角度看,密码主要包含密码算法、密钥管理和密码协议。密码算法是密码的关键,算法的强度决定了破译的难度。算法是可以公开的,一切秘密寓于密钥之中,密钥的保密是重中之重。密码协议是密码应用遵循的交互规则,不安全的密码协议会导致系统存在从"旁路"或"后门"窃取信息的风险。本部分主要介绍密码技术基本概念与原理、商用密码算法相关知识、密码技术发展简史及发展趋势,解答了为什么密码技术是保障网络与信息安全的核心技术,是最有效、最可靠、最经济的手段。

第三部分"商用密码管理",回答了"怎么管密码"。坚持党对密码工作的领导,是密码工作的根本原则。坚持依法依规依标准管理密码,发挥法治与标准在密码工作中的引领和保障作用,是商用密码管理工作的关键。本部分主要介绍商用密码管理的法律法规、体制机制及标准规范,包括我国商用密码的现行法规体系,《密码法》立法和《商用密码管理条例》修订进程,商用密码科研、产品、使用、监督检查、检测认证等方面的管理与服务机制，以及密码标准化工作等有关情况。

第四部分"商用密码应用"，回答了"怎么用密码"。政策法规为规范和促进商用密码应用提出了明确要求，产品与服务体系为商用密码应用提供了技术支撑，安全性评估为商用密码合规正确有效应用提供了可靠保证。本部分主要介绍商用密码应用的政策法规、技术支撑，以及安全性评估要求与评估内容，从技术支撑角度分别介绍了商用密码产品与服务，从密码应用监管角度详细论述了密码应用安全性评估的目的、意义与内容。

第五部分"商用密码应用案例"，回答了"哪里用密码"。本部分选取金融领域和基础信息网络系统、重要信息系统、重要工业控制系统、面向社会服务的政务信息系统等重要领域具有代表性的密码应用典型案例，对案例进行了剖析，介绍了密码应用框架，分析了商用密码发挥的作用、取得的成效，总结了商用密码在应用推进中可复制、可推广的经验与做法。

遵循政治性、战略性、实用性、通用性、权威性、通俗性的编写原则，《读本》在内容选择和编排上进行了精心组织，既易读易懂又不失权威准确，既有工作上的启发又有可资借鉴的案例。由于密码科技创新和密码应用正处于快速发展中，我们对其内在规律的认识还是初步的，有许多理论问题还需要在实践中不断探索。尽管我们已经做了很大努力，但问题和不足在所难免，希望各地区、各部门在组织开展学习、培训中，结合本地区、本部门实际帮助我们不断丰富和完善《读本》内容。

第一部分

商用密码发展的形势与任务

第一章 密码发展的现状与挑战

没有网络安全就没有国家安全。密码是网络安全的核心技术和基础支撑,是保护国家安全的战略性资源。了解密码,要从理解密码的重要作用入手,结合网络安全形势认识使用密码的重要性,结合国家网络形势安全相关政策认清我国密码事业面临的机遇和挑战,进而树立以总体国家安全观为统领、以密码为基础支撑的网络安全观,在相关工作中全面推进密码应用。

第一节 密码的重要作用

在信息化高度发展的今天,密码的应用已经渗透到社会生产生活的各个方面,从涉及国家安全的保密通信、军事指挥,到涉及国民经济的金融交易、防伪税控,再到涉及公民权益的电子支付、社会保障,密码都在背后默默地发挥着作用。

在人类历史的长河中,密码始终以一种神秘、隐蔽、不可示人的印象驻留于人们的脑海中。密码技术的历史起源已然不可追溯,戴维·卡恩(David Kahn)在《破译者》一书中说:"人类使用密码的历史几乎与使用文字的时间一样长。"密码在相当长一段历史时期内与军事斗争密不可分,著名的密码学者罗恩·里夫斯特(Ron Rivest)在解释"密码学"一词时曾说过:"密码学是关于如何在敌人存在的环境中进行通讯的学科",无论是在古代战场中还是在现代战争中,密码无不起着战略性的作用,而人类长期的战争史,客观上也确实推动了密码技术①的不断发展。

我国周代兵书《六韬·龙韬·阴符》记载了公元前 10 世纪的军事密码应用实践:"武王问太公曰:'引兵深入诸侯之地,三军卒有缓急,或利或害。吾将以近通远,从中应外,以给三军之用,为之奈何?'太公曰:'主与将有阴符,凡八等:凡大胜克敌之符,长一尺;破军擒将之符,长九寸;降城得邑之符,长八寸;却敌报远之符,长七寸;誓众坚守之符,长六寸;请粮益兵之符,长五寸;败军亡将之符,长四寸;失利亡士之符,长三寸。诸奉使行符稽留,若符事闻,泄者告者皆诛之。八符者,主、将秘闻,所以阴通、言语不泄、中外相知之术。敌虽圣智,莫之能识。'"周代杰出的军事家姜尚使用长短不一的"阴符"来表达不同的信息,这实质上是一种加密②编码的雏形,达到了让非法截获者不解其意,而合法接收者正确理解的目的。

战争中的密码对抗在第二次世界大战中达到白热化程度。1918 年,德国发明家亚瑟·谢尔比乌斯(Arthur Scherbius)和理查德·里特(Richard Ritter)发明了破译难度史无前例的恩尼格玛密

---

① 密码技术:实现密码的加密保护和安全认证等功能的技术,主要包含密码算法、密钥管理和密码协议等。

② 加密:对数据进行密码变换以产生密文的过程,即将"明文"变换为"密文"的过程。

码机,不久就被德军应用于军事通信。第二次世界大战爆发后,号称"永远无法破译"的恩尼格玛密码机在战争初期确实为德国军事通信撑起了坚固的保护伞,盟军对其束手无策。德国的对手也早早着手应战,早在战前的 1928 年,波兰就开始了破译恩尼格玛密码机的努力,当年波兰海关无意中截获了一台恩尼格玛密码机,围绕恩尼格玛密码机的密码战争就此展开。波兰在 1932 年曾成功完成了破译,但随后德国人做了针对性改进,使得恩尼格玛密码机继续保持安全。1939 年波兰沦陷后,接力棒交到了英国人手中,完成最后一击的是英国的天才数学家、计算机之父艾伦·图灵(Alan Turing),他所研制的"图灵炸弹"最终成功破译了恩尼格玛密码机。对恩尼格玛密码机的成功破译极大地影响了第二次世界大战的进程,后来人们普遍认为这使得第二次世界大战提前两年结束;而对于德国方面而言,密码攻防战的失败使他们付出了惨重的代价。

进入 21 世纪,密码早已突破军事应用的局限,被广泛运用于社会生产生活各个方面。但这并不意味着围绕密码的攻防战已经停歇,恰恰相反,密码对抗始终在国家安全中处于重要位置。1995 年生效的《瓦森纳协议》(The Wassenaar Arrangement)是关于常规武器和敏感军民两用物项技术出口管制的第一个全球多边协议,该协议将密码技术和产品作为军民两用物项对待,各成员国对其出口作出严格管制。除《瓦森纳协议》外,各国政府出台法律法规政策严格管理密码出口。例如,美国《出口管理条例》(Export Administration Regulations,EAR)中规定了对高强度密码出口的严格限制。

2012 年爆发的"火焰"(Flame)病毒席卷中东,伊朗等国家遭受了严重损失,该病毒利用微软 Windows 操作系统中使用的 MD5 密码杂凑算法①的弱点伪造数字证书,成功骗过了操作系统的身份鉴别和访问控制机制,是现代密码攻防的典型案例之一。该病毒结构复杂巧妙、技术含量很高,几乎可以肯定有优秀的密码学家参与了设计,而在该病毒背后则隐隐显现出国家力量的身影。

密码伴随军事斗争一路走来,跌宕起伏的攻防对抗演绎出一幕幕传奇,也逐渐让人们认清了密码的重要地位和战略性作用:密码是网络信息安全的核心技术和基础支撑,是保护国家安全的重要战略性资源,是保护组织和个人合法权益的必备手段。随着信息化的飞速发展,在万物互联成为趋势、信息孤岛逐渐消弭的态势下,密码的重要性将更为凸显,合规使用密码、使用安全的密码,既是对国家安全的有力保障,也是对组织和个人信息安全的切实负责。

第二节 国内外网络安全与密码应用形势

网络空间是密码的主战场,要想保护网络上存储、传输的数据不被非法获取、非法篡改以及非法假冒,最有效的手段非密码莫属。随着技术的发展,网络空间的对抗已经逐步向网络战升级,世界主要国家都纷纷将网络安全纳入国家战略。在此形势下,密码的战略地位也逐渐提升。通过立法,规范对密码的使用,增强全社会对密码的认识,在国计民生各个领域推广密码应用,成为势在必

---

① 密码杂凑算法:一种将一个任意长的比特串映射到一个固定长的比特串的算法,具有抗碰撞性和单向性等性质,常用于数据完整性保护,简称杂凑算法,也称为密码散列算法或哈希算法。

行且刻不容缓的重要任务。

一、敏感数据缺乏密码保护,泄露事件愈演愈烈

人们在网上进行的各类活动越来越频繁,留在互联网上的敏感信息越来越多,被泄露或被盗取的风险越来越大。情况更加糟糕的是:人们还没有普遍认识到隐私泄露的严重性。美国猎头公司莫迪斯(Modis)在 2017 年进行了一项调查,数据显示,如果有人愿意提供 1000 美元,超过 41%的受访者表示愿意泄露他们的私照,近 39%的受访者愿意泄露他们的浏览器历史浏览记录。这种安全意识的不足在信息服务领域也普遍存在,国内外相当数量的信息服务提供商缺乏对用户信息的有力保护,造成了近年来敏感数据泄露案件频发。如果正确使用密码,事先对信息进行加密保护,多数事件是可以避免的。

（一）中国软件开发网(CSDN)和天涯社区用户信息泄露事件

2011 年 12 月,我国最大的程序员社区中国软件开发网遭黑客攻击,600 万用户账号及明文①口令遭泄露,用户资料被大量传播,之后中国软件开发网先后在其官方网站上发布了声明和公开道歉,称已向警方报案并提醒用户更改口令。中央电视台新闻频道《朝闻天下》于 12 月 23 日对事件进行了报道,12 月 27 日《新闻直播间》栏目又报道了另一个大型网络论坛——天涯社区遭遇黑客攻击,大量用户账号口令遭泄露的消息,随后得到天涯社区工作人员

———————————

① 明文:未加密的数据或解密还原后的数据。

的确认。连续的隐私泄露案造成了网民群体一定程度的恐慌。12月28日,工业和信息化部发布了《关于近期部分互联网站信息泄露事件的通告》,强烈谴责窃取和泄露用户信息的行为,称事件发生后已立即启动紧急预案,组织相关单位了解事件情况、评估事件影响和危害、研究应对措施,要求各网站加强安全工作,发生用户信息泄露的网站做好善后工作,并向用户发出警示。

（二）酒店入住信息泄露案

2013年10月9日,国内安全漏洞监测平台发布报告称,如家、汉庭等酒店客户开房记录被第三方存储,并因漏洞导致开房信息泄露。据介绍,如家、汉庭、咸阳国贸、杭州维景、驿家365、东莞虎门东方索菲特等酒店全部或者部分使用了某公司开发的酒店Wi-Fi管理、认证管理系统,该公司在其服务器上实时存储了这些酒店客户的记录,包括客户姓名、身份证号、开房日期、房间号等大量敏感、隐私信息。该系统客户信息的数据同步是通过超文本传输协议(HTTP协议)实现的,管理员账号口令都直接明文传输,导致被攻击者截获,并凭此从该公司的数据服务器上获得所有酒店上传的客户开房信息。

随后,打着不同名号提供开房信息查询服务的网站陆续出现,淘宝网上也出现了卖家贩卖个人开房信息,直到两个多月后这些公开查询和贩卖行为才逐渐减少,但时至今日,仍有不法分子在网上声称提供个人开房信息查询的有偿服务。

（三）韩国信用卡信息泄露案

2014年,韩国发生史上最大规模的信用卡个人信息泄露事件,KB国民卡、乐天卡及NH农协卡公司的1亿多条用户个人信息被泄露,三家公司社长全部引咎辞职。信用评级公司职员朴某等在受信用卡公司委托开发电脑程序的过程中,利用用户敏感信息未加密的弱点,非法收集和泄露上述信用卡公司 1.04 亿条用户个人信息,除姓名、电话号码、住所、公司名称外,还包含身份证号码、贷款交易内容、信用卡认可免税书等 5391 万条敏感信用信息,占全部泄露信息的一半以上。信用信息作为可以了解顾客消费模式及习惯的信息,很容易被金融欺诈电话或强制贷款所利用。此次海量信息的泄露,使韩国政府保护公民隐私的能力受到公众质疑。

（四）美国聚友网（My Space）和雅虎用户隐私信息泄露案

2016 年 6 月初,代号为"peace"的黑客称已经拿到了全球第二大社交网站聚友网的 3.6 亿用户账号以及 4.27 亿口令,并且在暗网上以 6 个比特币（Bitcoin）①（时价合 2800 美元）的价格公开出售。该泄露是当时互联网史上规模最大的口令泄露事件,但这个纪录不久就被雅虎打破。

2016 年 9 月 23 日,雅虎公布有至少 5 亿用户账号信息被黑客盗取,盗取内容包括用户的姓名、电邮地址、电话号码、生日、口令等,甚至还包括安全问题及答案。该事件公布的时间与威瑞森电信（Verizon）拟用 48.3 亿美元收购雅虎的时间相重合,因此引发了威瑞森电信方面的不满,尽管雅虎方面采取了相应的补救措施,但最终该笔收购还是被取消了。

（五）美国空军高度机密文件泄露案

2017 年 3 月 16 日,一台没有设置口令、没有对数据进行任何加

---

① 比特币:基于区块链实现的一种去中心化的数字货币。

密存储的备份服务器暴露了数千份美国空军的文件,内容包括高级军官的高度敏感个人文件资料。安全研究人员发现,任何人都可以自由访问这数千份文件,包含一系列个人文件,例如4000多名军官的姓名、地址、职级和社会保障号码。另一份文件罗列了数百名其他官员的安全调查(Security Clearance)等级,其中一些军官拥有能访问敏感信息和"最高机密"的许可。文件还包含数个电子表格,其中罗列了工作人员及其配偶的电话联系信息等个人敏感信息,造成严重不良影响。

二、数据篡改和身份假冒已经成为社会性问题

网络化时代,网络和网络设备已经成为信息存储、传输、处理的主要载体。网络上的信息归根结底是以二进制数据的形式存在的,若不用密码技术,很容易被复制和修改。在密码技术中,基于非对称密码算法的"数字签名"①技术可以有效防范篡改和假冒行为,然而由于对密码技术的不重视,使得网络数据篡改和网络身份假冒事件屡屡发生,已经成为严重的社会性问题。

(一) XcodeGhost 事件

Xcode是苹果公司推出的软件开发工具,全世界的程序员都使用它来开发苹果手机和苹果电脑上运行的软件。Xcode可以从苹果公司网站上免费下载,但由于下载速度过慢,常常有国内的开发者出于方便从非苹果官方的第三方网站下载Xcode并使用。

---

① 数字签名:签名者使用私钥对签名数据的摘要值做密码运算得到的结果,该结果只能用签名者的公钥进行验证,用于确认被签名数据的完整性、签名者的真实性和签名行为的不可否认性。

2015 年 9 月 12 日，腾讯安全响应中心发现有苹果手机的软件存在异常行为，这些软件都是大公司的知名产品，也都是从合法应用市场下载并带有官方的数字签名。腾讯知会中国国家互联网应急中心（CNCERT），后者发布预警，指出开发者使用了非苹果公司官方渠道的 Xcode 工具，会向正常的苹果软件植入恶意代码，该恶意代码具有信息窃取行为，并具有远程控制的功能。这种含有恶意代码的非官方 Xcode 工具稍后被命名为"Xcode 魔鬼"病毒（XcodeGhost）。18 日，第一批受感染的软件陆续被曝光，众多著名公司的官方软件，包括银行相关软件名列其中。19 日上午，苹果公司开始下架受感染的软件。20 日中午，中央电视台新闻频道《新闻直播间》栏目用长达 8 分钟的视频报道了 XcodeGhost 病毒事件。

由于苹果公司官方网站并没有提供正版 Xcode 软件的"杂凑值"或"数字签名"，大多数程序员难以分辨所下载的版本是否与苹果官方软件的正版 Xcode 相同，导致病毒事件爆发。该事件波及众多产品，其中不乏大公司的知名应用，也有不少金融类应用，还有诸多民生类应用，保守估计影响人数超过 1 亿。

（二）钓鱼网站

2011 年 12 月，山西省国税局发现两个仿冒该局发票真伪查询系统的网站，经调查发现，山西省地税局及河北省国税局也存在相同问题。仿冒的钓鱼网站保存了真实发票真伪查询系统的静态页面，并自行申请了具有迷惑性的域名地址，由国外的服务托管商进行存放。仿冒页面与真实页面相似度几乎达到了 100%，还利用搜索引擎把仿造的网站信息放置在搜索结果的前几位，从而对纳税人起到了迷惑作用。

这种欺骗用户的高仿正规网站被称作"钓鱼网站"。不法分子常常通过手机短信、电子邮件等方式发送诈骗链接，诱导用户打开钓鱼网站并输入个人敏感信息，从而达到窃取用户隐私的目的。如果被仿冒的是涉及金融交易的网站，则有可能给用户带来经济损失；如果被仿冒的是政府网站，则有可能发布假消息，极端情况下可能会造成社会恐慌。

每个网站都是以"域名"作为自己的标识，例如，"baidu.com"就是百度公司的域名。钓鱼网站虽然可以高度逼真地仿冒页面，却无法直接使用相同的域名。一些大型互联网公司为了防止不法分子假冒，纷纷使用基于密码技术的超文本安全传输协议（HTTPS 协议）来构建网站，通过权威机构对本企业域名做数字签名并颁发"域名证书"来证明该域名的合法性。但由于安全意识的匮乏，我国仍存在相当数量的网站没有使用 HTTPS 协议和域名证书。

三、密码技术的滥用已给社会造成显著危害

人们普遍认为，密码技术应该是合法人员使用的技术，是防御和保障安全的技术。本质上讲，密码技术没有善恶之分，合法使用密码会带来安全保障，非法滥用密码也会造成社会危害。然而随着信息技术的发展，使用密码技术实现非法目的的案例也屡见不鲜，并且已经造成了广泛的社会影响。

2017 年 5 月 12 日，一款名为"魔哭"（WannaCry）的蠕虫勒索软件袭击全球网络，它加密受害者电脑内的重要文件，除非受害者通过比特币交出赎金，否则加密文件无法恢复。"魔哭"勒索软件

的影响范围覆盖全球 150 多个国家和地区,超过 30 万台设备受到感染和影响。我国的"灾情"较为严重,有 3 万多家机构、数十万的装置受病毒感染。

"魔哭"病毒是近年来典型的密码滥用造成破坏的案例,它对于密码技术的滥用包含了三个方面:

一是利用加密来勒索用户。这是所有勒索病毒共同的特征,入侵用户计算机后,对计算机中的用户文件执行加密,导致用户无法正常打开文件;用户只有按照攻击者要求支付赎金后,才有可能在攻击者远程控制下解密①文件。

二是使用比特币支付赎金。比特币是一种使用密码技术构造的无中心数字货币,它无须统一的机构发行,而是依据特定算法,通过网络节点的计算生成,并使用密码学的设计来确保货币流通各个环节的安全性。比特币不会被冻结、无法跟踪、不用纳税、交易成本极低。正是这些特性,使得比特币成为国际上非法交易常用的支付方式。

三是使用"暗网"通信。"暗网"是使用"洋葱路由"(The Onion Router,TOR)在互联网之上构造的叠加网络。"洋葱路由"是一种全加密通信、来源无法追踪的网络构建形式,1995 年由美国海军实验室开发,初衷是隐藏上网收集情报的行踪,但却被不法分子广泛利用,进行黑市交易、策划恐怖行动等非法行为。当通过"洋葱路由"访问一个地址时,所经过的节点在"洋葱路由"节点群中随机挑选,动态变化,并且对传输的信息进行多层加密处理,追踪

---

①　解密:加密过程对应的逆过程,即将"密文"变换为"明文"的过程。

非常困难。

"魔哭"病毒是迄今危害最大的勒索病毒,但并不是唯一的,也肯定不会是最后一个。密码技术是把双刃剑,一旦被不法分子利用,将会对国家、组织和个人造成严重的危害。这就凸显了对密码应用进行立法的重要性和必要性,必须以法律手段约束密码技术应用,引导社会各部门合法、合规地使用密码,并对违法滥用密码的行为进行严惩。

四、网络安全对抗已逐步升级为网络战争

当今世界互联网的触角已经深入到地球的各个角落,而局部网络的攻防对抗也经常升级到国家对抗层面,时下,网络战争不再是科幻小说中才有的场景。在网络战争中,密码应用的缺位是遭受损失的重要原因之一,在密码技术、密码产业上处于弱势的一方,往往成为被动挨打的对象。

(一)"震网"病毒破坏伊朗核设施

2010年1月,联合国负责核查伊朗核设施的国际原子能机构(IAEA)开始注意到,纳坦兹铀浓缩工厂出现了问题,伊朗工人们大批量拆掉离心机并换成新的,故障比例高得令人吃惊。问题出在工厂的工业控制室计算机中,由于该计算机缺乏基于密码技术的强身份鉴别和访问控制手段,使得"内鬼"于2009年6月轻易在其中释放了一个破坏性病毒,并一步一步攻入纳坦兹的核心系统,带着明确的目标——破坏伊朗铀浓缩项目、阻止伊朗制造核武器。这个病毒就是"震网"(Stuxnet)病毒,它可以说是世界上第一个被投放的网络武器,宣告了网络战争时代的开启。2010年12月,一

位德国计算机高级顾问表示,"震网"病毒令德黑兰的核计划拖后了两年。2011 年 1 月,俄罗斯常驻北约代表德米特里·罗戈津(Dmitry Rogozin)表示,这种病毒可能给伊朗布什尔核电站造成严重影响,导致有毒放射性物质泄漏。2012 年 6 月 1 日的美国《纽约时报》披露,"震网"病毒起源于 2006 年前后美国代号为"奥运会"的网络攻击计划。

(二)"火焰"病毒席卷中东

2012 年 5 月,俄罗斯安全专家发现一种威力强大的电脑病毒"火焰"在中东地区大范围传播。俄罗斯电脑病毒防控机构卡巴斯基实验室称,这种新病毒可能是"某个国家专门开发的网络战武器"。"火焰"病毒可以盗取重要信息,包括计算机显示内容、目标系统的信息、储存的文件、联系人数据甚至音频对话记录,其复杂性超过其他任何已知病毒,其设计结构几乎让其不能被追查到。遭受该病毒感染的国家包括伊朗(189 个目标遭袭)、以色列和巴勒斯坦等大部分中东国家。卡巴斯基实验室指出,有证据显示,开发"火焰"病毒的国家可能与开发"震网"病毒的国家相同。虽然还没有任何方面承认,但已有许多证据表明"火焰"病毒和"震网"病毒来自一个强大的幕后黑手:方程式组织(Equation Group)。

对密码算法①的成功破解是"火焰"病毒成功入侵的决定性因素。"火焰"病毒利用了在 Windows 系统中普遍使用的 MD5 算法存在弱点,通过伪造数字证书成功绕过了操作系统的身份鉴别机

---

① 密码算法:实现密码对信息进行"明""密"变换,产生认证"标签"的一种特定规则。

制,得以进入受害者信息系统。MD5算法是美国密码学家于1992年设计的一种密码杂凑算法,在相当长时间内是国际上电子认证机构普遍使用的算法,在微软等多个国际信息产业巨头的产品中得到使用,并随之传播到全世界。早在2004年,我国密码学家王小云教授就已经证明MD5算法存在弱点,但很多国家由于密码技术能力和产业能力缺乏,仍不得不大量使用含有MD5算法等不安全、不可控密码算法的信息产品,导致在攻击面前毫无招架之力。

（三）Dual_EC_DRBG算法后门被曝光

2013年9月,《纽约时报》发表文章称根据斯诺登提供的材料,美国国家安全局(NSA)在Dual_EC_DRBG随机数生成算法中植入了后门,并向著名安全技术公司RSA支付费用,以支持在名为"BSAFE"的密码产品中将Dual_EC_DRBG算法作为默认随机源。实际上,早在2007年,微软密码学研究者丹·舒穆(Dan Shumow)和尼尔斯·弗格森(Niels Ferguson)在国际密码学年会上发表演讲,质疑Dual_EC_DRBG算法存在后门,同年11月著名安全专家布鲁斯·尼尔(Bruce Schneier)也在Wired.com网站发表文章怀疑该后门是由美国国家安全局故意引入。

Dual_EC_DRBG算法是美国国家标准与技术研究院(NIST)建议的随机数生成算法之一,并正式写入NIST SP800-90A标准。迫于公众压力,美国国家标准技术研究院在2014年4月宣布从NIST SP800-90A标准中删除Dual_EC_DRBG算法,但多年来该算法早已广泛应用于世界各地,其影响并不能一朝一夕消除。通过这个事件,很多人相信,美国长期以来凭借其密码强国地位一直致力于控制其他国家的密码应用,Dual_EC_DRBG算法只不过是冰山一角。

（四）美国网络武器库泄露事件

2017 年 3 月 7 日,维基解密网站公布了美国中情局(CIA)8761 份关于黑客入侵技术的机密文件,外界将此次泄露事件取名为 Vault 7。泄密文件显示,美国中情局利用个人电子设备及操作系统的漏洞,通过自己研发的上千种病毒软件、木马程序、远程控制软件等黑客工具,窃听私人谈话,收集个人信息。这些秘密文件的曝光不仅对美国中情局内部造成严重冲击,还对全球网络安全带来严重负面影响。

据媒体报道,这些泄密文件都是从美国中情局设在美国弗吉尼亚州的兰利总部泄露出来的,最先在美国政府黑客和安全承包商圈子里流传,随后维基解密网站获取并整理、公开了其中部分文件。文件涵盖美国中情局从 2013 年至 2016 年的黑客工作。已有美国政府前情报官员证实,这批文件真实可靠。

泄密文件表明,美国中情局有一支专门的黑客部队,其中正式注册人员超过 5000 人,现已开发出 1000 多种网络武器,黑客部队内部分工协作,有人专业从事网络漏洞发现,有人基于漏洞开发网络攻击武器,有人使用网络武器执行任务;使用网络武器的人员通常都拥有外交护照,以美国国务院外交官的身份作为掩护,规避国外情报机构的监控。

五、世界各国纷纷将网络安全纳入国家战略

当前,网络安全已经成为国家安全的重要组成部分,网络空间也已经成为继海、陆、空、天之后的"第五空间"。发展网络空间科技、维护国家网络空间主权,是一项长期性、战略性的任务。

在此背景下,世界各国纷纷将网络安全纳入国家战略,作为国家总体安全战略的重要组成部分进行考虑。密码也随之上升到国家战略层面,只有在算法设计、产品研发、设备制造、系统建设以及服务提供方面做到全产业链自主可控,才可能牢牢掌握网络安全主动权。

(一)美国网络安全战略

早在 2000 年,克林顿政府就签署了《全球时代的国家安全战略》,明确将网络安全纳入国家安全战略。小布什政府在 2003 年签发《确保网络空间安全国家战略》,而后签发《国家网络安全综合计划》(简称 CNCI),确定美国网络安全采取防御和攻击等措施。奥巴马政府在 2010 年筹建美国网络战司令部,任命网络安全协调员(被称为"网络沙皇")。2011 年 5 月,美国白宫、国防部等联合发布《网络空间国际战略》,12 月美国国土安全部网站发布题为《确保未来网络安全的蓝图》,从国家顶层设计的高度应对网络安全。2013 年 2 月,奥巴马签署《关于提高关键基础设施网络安全的行政命令》,授权美国政府相关部门制定关键基础设施网络安全框架,明确应遵循的安全标准和实施指南,保护隐私权和公民自由权,为关键基础设施所有者和运营者进行安全检查提供依据。2014 年 12 月,奥巴马签署《2014 年联邦信息安全管理法案》《2014 年国家网络安全保护法》和《网络安全人员评估方案》,以加强美国抵御网络攻击的能力。2015 年,为回击针对美国的网络攻击,再次发布新版《国家安全战略》,设立"网络威胁情报整合中心",扩大国务院"反恐战略信息中心"规模,美国中情局设立"数字革新部",加强网络情报搜集能力。2016 年,美国发布《网络安全国家行动计划》等,加强网络基础设施和专业人才队伍建设,强化政企合作,全面提升网络安全防护能力。

（二）日本网络安全战略

日本政府于2013年制定《网络安全战略》,并于2015年更新,采取多项举措,强化网络安全:一是提出网络信息共享（J-CSIP）倡议,建立网络安全信息共享框架,防范网络攻击。成员包括关键基础设施制造商、电力、燃气、化工以及石油五大产业集团39家企业,并扩展到金融、水务等行业。对共享的网络攻击信息,由网络攻击深度解析理事会（2012年由经济产业省和总务省联合成立）进行分析。二是设立控制系统安全中心（CSSC）以加强控制系统安全。控制系统安全中心于2012年成立,主要承担技术研发、建立控制安全试验台、提高安全认识、防范网络攻击和制定标准规范等任务,有东芝、日立和迈克菲等18家会员。控制系统安全中心通过标准规范对电力、燃气等控制系统进行管理,并对上述控制系统进行认证评估以提升安全水平。三是发布电子政府推荐密码清单。清单由总务省和经济产业省制定,指导政府采购,引导产业和其他用户单位使用密码。为振兴日本产业,清单尽量多地列入日本密码技术,充分考虑市场需求和企业意见。

（三）欧盟及其成员国网络安全战略

欧盟出台《网络与信息系统安全指令》,要求成员国加强跨境管理与合作,制定本国网络安全战略,加强关键基础设施安全。2016年,英国发布《2016—2021年国家网络安全战略》,提出投资约19亿英镑用于提升国家网络安全水平。德国发布新的网络安全战略,更加重视关键信息基础设施和重要信息系统安全。

（四）其他国家网络安全战略

澳大利亚公布未来四年网络安全规划,通过吸纳人才、打击犯罪、建设威胁共享平台等措施强化网络安全。俄罗斯发布新版《信息安全学说》,提出俄罗斯在信息领域维护国家安全的任务。韩国公布《韩国信息通信技术 2020》五年战略规划,会同 34 个国家的 44 个组织成立网络安全互助联盟,打造网络安全集体响应模式。此外,乌克兰、越南等国也相继发布了新的网络安全战略。

六、我国的网络空间安全战略

2016 年 11 月 7 日,十二届全国人大常委会第二十四次会议表决通过《网络安全法》。12 月 27 日,国家互联网信息办公室发布我国首部《国家网络空间安全战略》。作为我国网络空间安全的纲领性文件,《国家网络空间安全战略》将网络空间面临的机遇与挑战视为一个统一体,系统地阐述了网络给人类带来的机遇与挑战并存的现状,充分体现了习近平总书记提出的新型网络安全战略思想,即网络安全和信息化是一体之两翼、驱动之双轮,必须统一谋划、统一部署、统一推进、统一实施。《国家网络空间安全战略》提出了在总体国家安全观指导下,统筹国内国际两个大局和统筹发展安全两件大事,推进网络空间"和平、安全、开放、合作、有序"的发展战略目标,建立了共同维护网络空间和平安全的"尊重维护网络空间主权、和平利用网络空间、依法治理网络空间、统筹网络安全与发展"四项原则,并制定了推动网络空间和平利用与共同治理的九项任务。

第三节　商用密码发展的机遇与挑战

由于革命和建设的需要,我国党政军系统密码使用历史悠久,实践经验丰富,但在民用领域,密码应用历史较短。1996 年 7 月,中共中央政治局常委会议专题研究我国发展商用密码的问题,并作出了在我国大力发展商用密码和加强对商用密码管理的重大决策,"商用密码"从此成为专有名词,特指用于保护不属于国家秘密信息的密码。相比于涉密领域的密码,商用密码的服务范围宽广,应用场景也复杂多变。随着信息化技术的日新月异,商用密码进入了机遇与挑战并存的新发展阶段。

一、我国商用密码发展面临的机遇

1999 年 10 月,国务院颁布《商用密码管理条例》。在《商用密码管理条例》以及一系列配套管理办法的指导下,商用密码从无到有,从艰难起步到迅速发展,如今已经形成了相当的科研、产业规模。在国家大力提倡信息技术自主可控的形势下,在《密码法》即将出台的背景下,商用密码将迎来新的发展机遇。

（一）国家高度重视核心安全技术,商用密码大有可为

2014 年,习近平总书记在中央网络安全和信息化领导小组第一次会议上指出:没有网络安全就没有国家安全;建设网络强国,要有自己的技术,有过硬的技术。

2016 年 4 月 19 日,习近平总书记在网络安全和信息化工作座谈会上发表重要讲话强调:互联网核心技术是我们最大的"命

门",核心技术受制于人是我们最大的隐患。一个互联网企业即便规模再大、市值再高,如果核心元器件严重依赖外国,供应链的"命门"掌握在别人手里,那就好比在别人的墙基上砌房子,再大再漂亮也可能经不起风雨,甚至会不堪一击。我们要掌握我国互联网发展主动权,保障互联网安全、国家安全,就必须突破核心技术这个难题,争取在某些领域、某些方面实现"弯道超车"。

商用密码正是我国自主网络安全技术的典型代表,自主创新历来是商用密码事业发展的灵魂,也是商用密码实现持续健康快速发展的动力源泉。经过多年积淀,我国商用密码算法、技术、产品已形成成熟的体系,并以标准的形式确立下来。商用密码研究界、产业界和管理部门有决心也有信心让商用密码成为我国网络安全的基石,为国家信息化建设保驾护航。在中央领导的高度重视下,自主可控的商用密码正面临全面发展的历史新机遇。

(二) 商用密码应用需求急剧扩大

2015 年,国家相关文件明确提出,要大力推进商用密码技术在金融领域以及基础信息网络、重要信息系统、重要工业控制系统和面向社会服务的政务信息系统中的全面应用。2017 年 4 月至 5 月,《密码法(草案征求意见稿)》面向社会公开征求意见,目前国家正在加快立法进程。《密码法》将党管密码的根本原则和党中央关于网络强国战略与密码创新发展的战略部署以法律形式固化下来。这一系列国家法律和政策充分体现了国家对使用商用密码技术保护国家关键信息基础设施的决心,也体现了对商用密码技术的信心。

2015 年 7 月 4 日,国务院印发《关于积极推进"互联网+"行动的指导意见》,鼓励把互联网的创新成果与经济社会各领域深度融合,推动技术进步、效率提升和组织变革,提升实体经济创新力和生产力,形成更广泛的以互联网为基础设施和创新要素的经济社会发展新形态。互联网与实体经济的深度结合,将带动商用密码应用向更深经济层次、更多细分领域发展。

2015 年 3 月 28 日,国家发展改革委、外交部、商务部联合发布《推动共建丝绸之路经济带和 21 世纪海上丝绸之路的愿景与行动》,协助"一带一路"相关国家,特别是欠发达国家发展信息产业、建设信息基础设施、提升信息化水平。网络信息安全是信息化建设中必不可少的环节,密码是核心技术和基础支撑。密码作为高端资源,只有极少数国家具备从算法设计、产品研发、设备制造、系统建设到服务提供的全产业链能力。凭借这种垄断性优势,国际密码强国形成了事实上的绝对话语权,密码欠发达国家不得不在本国重要领域信息系统中大量使用不可控的密码,对"火焰"病毒之类以密码为突破点的网络武器束手无策,急迫希望有新的选择。

我国商用密码经过多年发展,已经初步具备全产业链能力。2012 年在金融和重要领域推广密码应用以来,密码在行业中的适用性和可靠性不断在实践中得到证明。经多方共同努力,SM2 算法①、SM3 算法②、SM4 算法③和 SM9 算法④向成为国际标准实质性迈进。伴随"一带一路"建设的逐步展开,商用密码有望走出国

---

① SM2 算法:一种椭圆曲线公钥密码算法,密钥长度为 256 比特。
② SM3 算法:一种密码杂凑算法,其输出为 256 比特。
③ SM4 算法:一种分组密码算法,分组长度为 128 比特,密钥长度为 128 比特。
④ SM9 算法:一种基于身份标识的公钥密码算法。

门,打开国际化应用的新局面,让中国的密码为全人类服务,让中国的网络信息安全核心技术为世界各国信息化建设保驾护航。可以预见,在国家战略引导下,我国国民经济各领域对商用密码技术和产品的需求将急剧增加,应用需求将持续推动技术进步,商用密码产业将迎来大发展。并且,这种机遇是长期的、持续的,是一个全新的蓝海空间。

二、我国商用密码发展面临的挑战

在发展机遇面前,商用密码的规模将急剧增加,应用领域将极大扩展,这是摆在商用密码管理、产业、研究界面前的一次全方位考验。商用密码管理能力是否能够跟上、技术水平和产业能力是否能够满足需求、应用推进是否按照预期顺利进行,都是未来商用密码发展面临的挑战。

首先,这是对商用密码管理的挑战。"统一领导、集中管理、定点研制、专控经营、满足使用"是20世纪90年代末商用密码初创时期确立的二十字方针,在促进商用密码事业发展方面发挥了重要作用。截至2017年8月,商用密码产品生产定点单位已近800家,销售许可单位近千家,并且还在不断扩大之中。"定点研制"和"专控管理"的管理模式已不适应当前商用密码的发展需要,加快市场化管理方式变革,规范行政审批,提供优质服务,促进密码科技创新和产品发展,是商用密码管理面临的挑战。

其次,这是对商用密码技术的挑战。习近平总书记指出,核心技术可以从三个方面把握:一是基础技术、通用技术;二是非对称技术、"撒手锏"技术;三是前沿技术、颠覆性技术。在基础和通用技术方面,我国商用密码与国际先进水平基本处于并跑位置。但从世界科技发展趋势看,密码技术也正处于革命的前夜。计算能力的提升已严重削弱了传统密码的安全强度,2017 年 2 月谷歌公司对 SHA-1 算法的有效破解即是明证;量子计算①的横空出世则几乎颠覆了密码设计的理念,全世界都在探索后量子时代的密码学。如何在非对称技术、前沿技术、颠覆性技术方面超前部署、集中攻关,在后量子时代实现商用密码从跟跑并跑到并跑领跑的转变,是对我国商用密码研究和产业界自主创新能力的挑战。

最后,这是对商用密码应用的挑战。在国家政策的引导下,推进商用密码在金融和重要领域的应用是一项战略任务,但不同领域和行业应用特点各异,不存在放之四海而皆准的密码解决方案,特别是云计算、大数据、人工智能等新兴领域,对密码功能和性能提出更为苛刻的要求,极度考验商用密码从业者的智慧。此外,在我国长期的国际产业合作中引进了大量技术设备,这些设备含有大量国外密码算法和产品,推进商用密码应用需要考虑复杂的平滑过渡、国际兼容、风险防控等问题。当然,即使密码算法、密码协议、密钥管理②都是安全的,但在网络环境下,信息系统的动态性以及状态的可变性仍会给密码应用带来压力和挑战,因此必须合规、正确、有效应用密码,必须将密码与信息系统融为一体。如何科学、合理、顺利地将商用密码技术应用到各个不同领域中,是对商用密码应用推进的挑战。

---

① 量子计算:基于量子力学规律进行的信息处理过程。
② 密钥管理:根据安全策略,对密钥的产生、分发、存储、更新、归档、撤销、备份、恢复和销毁等密钥全生命周期的管理。

第二章 新时期商用密码发展的主要任务

党的十八大以来,我国商用密码管理和应用逐步向法治化、规范化、体系化方向迈进,商用密码事业发展迅速,成效显著。然而面对网络环境复杂而深刻的变化,以及密码应用需求的多样化,商用密码发展任重而道远。深化商用密码管理改革、强化商用密码自主创新、推进商用密码合规正确有效应用,是新时期商用密码发展面临的主要任务。

第一节 工作基础

一、商用密码管理逐步规范

规范商用密码管理,既是全面贯彻落实依法治国基本方略的客观需要,也是保障商用密码事业持续健康快速发展的必然要求。1996年中央作出在我国大力发展和管理商用密码的决定,1999年国务院颁布施行《商用密码管理条例》,我国商用密码管理工作逐步得到规范。

（一）商用密码管理法规体系初步建成

经过多年建设，我国已初步确立了以《商用密码管理条例》为基础的法规体系，建立了与国家治理体系和治理能力现代化相适应的商用密码管理体制机制，有效保障了商用密码的健康有序发展，有力促进了我国由密码大国向密码强国的迈进。

（二）清理规范行政审批事项成效显著

按照国务院推进政府职能转变和深化行政审批制度改革的部署要求，国家密码管理局认真清理规范行政许可和中介服务事项。取消了"商用密码科研单位审批"等行政许可事项、"电子政务电子认证基础设施安全性审查"等非行政许可审批事项，以及电子认证服务系统互联互通测试等所有行政审批中介服务事项。公布了《国家密码管理局行政审批事项公开目录》，以及商用密码科研成果审查鉴定、型号审批、商用密码产品出口许可、电子认证服务使用密码许可等10项行政许可事项的服务指南，明确了统一的行政审批文书和办理时限。通过清理规范、简政放权、降低准入门槛、公正监管，促进了公平竞争，营造了高效便利环境。

（三）服务社会能力不断增强

为贯彻落实党中央、国务院关于加强政府网站建设工作的意见，更好地服务社会公众，国家密码管理局网站（www.sca.gov.cn）于2017年6月1日正式上线运行。网站提供及时全面的信息服务，是宣传密码政策法规、普及密码知识、促进广泛应用的重要渠道，也是社会公众了解商用密码的重要途径，在促进政务公开、推进依法行政、接受公众监督等方面将发挥更好的作用。

为落实《国务院办公厅关于推广随机抽查规范事中事后监管

的通知》精神,进一步加强商用密码监督管理,促进商用密码健康发展,国家密码管理局制定了《商用密码随机抽查办法》,2016年组织开展了全国范围内的商用密码随机抽查工作。根据抽查结果,对违规企业进行了处罚,对不符合要求的产品进行了处理。

二、商用密码科技不断进步

自主创新是商用密码事业发展的灵魂,也是商用密码实现持续健康快速发展的动力源泉。紧紧牵住核心技术自主创新这个"牛鼻子",牢牢把握商用密码科学技术核心环节的主动权,是商用密码事业发展的必由之路。

(一) 商用密码科研取得重点突破

在国家密码发展基金等资助的国家级科技项目引导和支持下,商用密码基础理论研究取得了一系列原创性科研成果。其中一些研究成果发表发布在国际顶级期刊或会议,标志着我国密码学术研究在某些细分方向上跻身于世界领先行列,为密码标准制订、密码产品研发和密码应用推进提供了坚实的理论基础。国家密码管理局推荐优秀的科技成果申报国家科技进步奖和密码科技进步奖(省部级),鼓励科技创新,激发创新活力。截至2016年6月,商用密码领域共获得国家科技进步奖一等奖1项、二等奖3项,省部级密码科技进步奖一等奖12项、二等奖43项。

中国密码学会充分发挥平台作用,创建密码科普馆,举办科技展览,积极开展密码科普活动,出版五十多种密码相关书籍刊物,大力普及密码知识,密码学术交流活动日益丰富。全国商用密码展览会、中国密码学会年会、《密码学报》、全国密码技术竞赛等已成为我国密码学术研究和产业对接的高端平台。在努力提升全民密码科学文化素质的同时，一批密码学术研究领军人才、青年密码学家开始在国际舞台上崭露头角，为商用密码的可持续发展提供了可靠的人才保障。

（二）商用密码算法体系基本形成

我国自主设计的分组密码算法 SM4、序列密码算法祖冲之（ZUC）、椭圆曲线公钥密码算法 SM2、密码杂凑算法 SM3，以及标识密码算法 SM9 等已成为国家标准或密码行业标准，标志着我国商用密码算法体系已经基本形成。SM 系列算法经过了多轮安全性分析评估，在设计、实现方面均有各自特点和优势，有力地支撑了商用密码产业化、规模化发展，得到了越来越广泛的认可和应用。

（三）商用密码标准体系基本建成

密码行业标准化技术委员会于 2011 年成立，负责组织密码行业标准（代号 GM）的起草及审查等工作。截至 2017 年 8 月，密码行业标准化技术委员会共有工作组成员 253 家，颁布实施密码行业标准 53 项。同时，积极推进商用密码标准国际化。2012 年 9 月，由我国密码学家自主设计的 ZUC 算法纳入国际第三代合作伙伴计划组织（3GPP）的 4G 移动通信标准，用于移动通信系统空中传输信道的信息加密和完整性①保护。2015 年 5 月起，我国陆续向国际标准化组织（ISO）信息安全分技术委员会（SC27）提出了将我国 SM2、SM3、SM4 和 SM9 算法纳入国际标准的提案。商用密码

---

① 完整性：是指数据没有受到非授权的篡改或破坏的性质。

标准体系逐步健全,如图 2-1 所示。

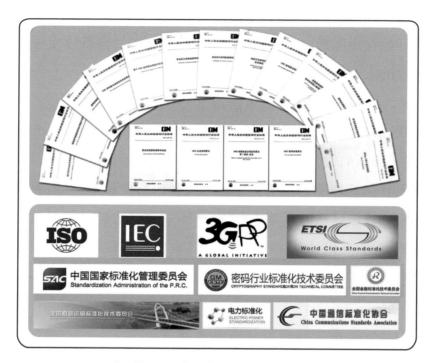

▲ 图 2-1 商用密码标准体系逐步健全

(四) 商用密码检测能力大幅提升

近年来,通过创新发展,我国商用密码在检测基础理论和应用技术方面取得了多项具有国际先进水平的研究成果,申报发明专利近 50 项,其中 10 项已获授权;取得软件著作权 17 项;获得国家技术发明二等奖 1 项,国家科技进步奖二等奖 2 项,省部级科技进步奖 10 余项,具备了对全系列商用密码产品密码功能及安全性实施检测的能力。与此同时,通过建立跨领域、跨行业的信息安全产品和密码应用系统密码检测协作机制,加强与金融、电力、通信、社保、交通等重点领域、行业的检测与认证技术交流,联合金融领域检测认证机构开展金融系统密码测评和认证,共同推动检测能力提升。

三、商用密码产业日益繁荣

经过多年发展,我国商用密码产业取得长足进步,满足网络空间条件下差异化、多样化应用需求的能力不断提升。

（一）商用密码产业队伍持续壮大

随着信息化发展对密码需求的不断增长,中国移动、中国电信、中国联通、华为、中兴、联想等一批具有国际影响力的旗舰企业,踊跃进入商用密码产业领域,按照密码管理政策法规和密码标准规范研制、生产商用密码产品。这些企业活跃在商用密码产业链条的各个细分领域,形成了分布合理、竞争有序、创新力强的商用密码产业队伍,创造了巨大的经济效益和社会效益。

（二）商用密码产品不断丰富

截至 2017 年 8 月,取得品种和型号证书的商用密码产品 1930 余款,累计销售金额近千亿元,形成了以密码芯片、密码板卡、密码整机、密码系统等传统产品为主,多种产品形态和应用模式并现的产品体系,自主核心技术整体达到国外同类产品水平,部分产品在性能指标、安全防护能力等方面达到国际先进水平。

（三）建成基于 SM2 算法的电子认证服务体系

截至 2017 年 8 月,45 个运营 CA[①] 获得国家密码管理局颁发的《电子认证服务使用密码许可证》和工信部颁发的《电子认证服

---

① CA:即证书认证机构(Certificate Authority),是对数字证书进行全生命周期管理的实体。

务运营许可证》，基于 SM2 算法构建了一个以国家电子认证根 CA
为认证源点、辐射全国各地区各行业、连接上亿用户的电子认证服
务体系，为全国电子认证可信互认、互联互通提供了基础支撑。

四、商用密码应用初见成效

商用密码产品应用领域不断扩大，应用程度不断加深，应用认
可度不断提升，在维护国家网络与信息安全、保护公民权益等方面
发挥了重要作用。

（一）以电子认证服务体系为基础的网络信任体系逐步建立
健全

电子认证服务机构签发的数字证书广泛应用于金融、税务、工
商、质检、教育、电信以及电子政务等领域，产生巨大的经济效益和
社会效益，采用我国商用密码技术发放的数字证书超过 20 亿张，
以电子认证为基础的网络信任体系不断完善，走在世界前列。

（二）在金融和重要领域密码应用逐渐铺开

金融信息安全是国家信息安全的重要组成部分，是金融业的
生命。密码技术作为保障金融信息安全的核心技术，发挥着重要
作用。在金融领域安全 IC 卡和密码应用示范项目中，共有 93 家
银行参与了金融 IC 卡示范工程、跨行交易示范工程、网上银行示
范工程和科技攻关示范工程，已完成 POS 终端改造 606 万台，
ATM 机改造 49.9 万台，新发行网银设备 5757 万个。

我国金融信息系统、第二代居民身份证管理系统、国家电力信
息系统、社会保障信息系统、全国中小学学籍管理系统中，都应用
商用密码技术构建了密码保障体系。截至 2017 年 8 月，累计发放

标准金融 IC 卡 1.2 亿张、二代身份证 15 亿张,部署智能电表 4.47 亿只,如图 2-2 所示,有效发挥了商用密码的安全保障作用。

标准金融 IC 卡 **1.2亿张** 二代身份证 **15亿张** 智能电表 **4.47亿只**

▲　**图 2-2　商用密码在金融和重要领域逐渐铺开**

（三）海关电子口岸公共数据安全保密子系统发挥重要保障作用

该系统 1998 年开始建设,采用基于公钥基础设施的商用密码技术,实现了国家发展改革委、科技部、商务部、中国人民银行、海关总署、税务总局等 11 个部委和 8 家商业银行的联网运行和数据共享、身份认证和完整性保护。1999 年即为国家挽回近 400 亿元的损失。商用密码在海关电子口岸的应用,为贸易顺差顺收趋于平衡、"三假"走私案件减少、促进海关税收显著增长等方面发挥了重要的基础保障作用。

第二节　深化商用密码管理改革

习近平总书记在党的十八届四中全会上指出:"法律是治国之重器,良法是善治之前提。"全面落实依法治国战略,坚持依法行政,深化体制机制改革,是促进商用密码健康发展的动力源泉。

一、积极推进《密码法》立法

《密码法》立法是对坚持党管密码根本原则的具体回应,是适应我国国家安全新形势和密码广泛应用新挑战的时代需求,是构建与国家治理体系和治理能力现代化相适应的法律制度体系的重要举措,是确保密码使用优质高效、确保密码管理安全可靠的法治保障。《密码法(草案征求意见稿)》已于 2017 年 4 月至 5 月面向社会征求意见,下一步将在国家安全法制建设总体框架下,根据立法程序积极推进《密码法》立法工作。

二、进一步规范行政审批行为

规范商用密码行政审批行为不仅是依法行政的要求,也是商用密码管理向商用密码服务转变的需求。按照深化行政审批制度改革的部署要求,加快建立法律顾问制度和重大决策合法性审查机制,继续取消和下放一批行政审批事项;进一步优化行政审批流程,建设行政审批事项网上办理平台,全力提高服务水平。

三、建立常态化宣传交流机制

加强与各类媒体的沟通交流,增强商用密码社会认知度和应用密码保护信息安全的意识,进一步发挥中国密码学会等社会团体凝聚社会力量、繁荣密码学术交流的平台作用,加大密码知识科普工作的力度,加强对各级领导干部进行商用密码培训的力度,开展商用密码知识进党校和行政学院、进高校、进社会活动,丰富向全社会宣传商用密码的方式方法。

第三节　强化商用密码自主创新

坚持走中国特色商用密码自主创新道路,着眼密码科技前沿、立足网络空间安全、面向国家战略需求,加快创新驱动发展,是推进商用密码科技创新和产业发展的基本思路。

一、增强商用密码自主创新主体活力

加大政策和资金支持力度,鼓励开展基础理论与技术、密码新技术与应用融合、系统检测评估等方面的研究。创新激励方式、加大资源投入,推动商用密码科技创新与产品研发,不断满足商用密码社会应用需求。研究出台配套的扶持措施,建立完善商用密码科研成果转化机制,促进优秀科研成果尽快落地,推动商用密码产业单位真正成为决策创新、研发投入、科研组织、成果转化的主体。

二、开展商用密码自主创新活动

加强商用密码基础研究和原始创新,为商用密码持续创新提供源源不断的动力。紧盯网络空间密码科技最前沿,组建产学研用联盟,建设商用密码产业基地和重点实验室,形成协同创新攻关机制,积极开展商用密码应用技术创新。以科技创新促进供给侧结构性改革,抓住新一轮科技革命和产业变革的新机遇,切实提升商用密码供给能力,不断满足工业控制、移动智能终端等新兴领域

对商用密码应用的新需求。促进传统产业转化升级,不断提高商用密码供给质量。实施商用密码技术与物联网、移动互联网、大数据和云计算等新技术新业态的融合试点。

第四节　推进商用密码合规正确有效应用

以真用实用为目标,以改革创新为动力,以应用示范为抓手,在金融领域扩大和深化商用密码应用,在重要领域加快推进商用密码应用。金融和重要领域信息系统庞大,安全需求和产业情况复杂,应用推进应坚持稳中求进的工作总基调,试点先行、精准施策、稳步推进。

一、健全工作机制

推进密码应用需要密码管理部门和相关部门密切配合,分工负责,统筹协调。一是加强顶层制度设计。密码应用要与国家重大战略、重大工程统筹考虑,做到国家战略部署到哪里,密码保障就跟进到哪里。各地区、各部门在制修订有关政策文件、出台新的制度的时候,凡是涉及网络安全的,都要把商用密码应用要求写进去,做到顶层设计,推动融合发展。二是健全协调工作机制。加强对密码应用工作组织领导,明确牵头部门和配合部门之间的任务分工。做到商用密码应用与网络安全和信息化工作的协调配合,商用密码应用与网络安全等级保护工作的协调配合,在政策制定时要衔接好,推动在网络安全审查、关键信息基础设施保护中,落实商用密码应用的要求。三是形成有力的保障机制。发改、财政、税收、科技、工信等有关部门制定有利于商用密码产业发展和应用推进的优惠政策和保障措施,做到政策有力、保障有力。

二、制定应用规划

推进密码应用需要各地区各部门科学制定密码应用规划。各部门既部署本部门内部重要信息系统的密码应用,也部署所在行业的密码应用。各地区要对本地区密码应用统一规划,协调推进。规划的制定和实施要统筹好应用侧、供给侧和支撑侧三个方面,形成合力。

应用侧是引领。一是与网络安全等级保护工作衔接好,凡是等级保护系统里要求用商用密码的地方都要用,加强对网络信息系统运营者的行为管理,让运营者依法依规主动使用商用密码。二是紧密结合云计算、大数据、军民融合、"互联网+政务服务"、智慧城市、信息惠民试点城市建设等国家重大专项,推动商用密码应用,做到新建系统同步规划、同步建设基于商用密码的安全保障体系。三是摸清网络信息系统的家底,深入研究商用密码应用需求,建立商用密码应用的台账制度,把商用密码应用的市场充分打开。

供给侧是基础。加快供给侧结构性改革和制度创新,通过应用试点,创新和熟化商用密码产品、技术和服务,确保产品在功能、性能、品质、产能等方面适应应用需求。同时,引导企业加大研发投入和研发力度,形成一批好用、管用、实用的商用密码技术、产品、服务和标准,培育一批商用密码行业龙头企业。

支撑侧是保障。以构建商用密码检测认证体系为抓手,一手抓产品侧的质量检测,做好产品的市场准入;一手抓系统侧的密码应用安全性评估,为商用密码应用提供科学有效支撑,确保商用密码应用的合规、正确、有效。

三、细化工作方案

推进密码应用需要各地区各部门紧密结合实际,制定具体的实施办法和工作方案,细化任务安排,明确工作目标和时间进度。按照试点先行、精准施策、稳步推进的工作方法,重点做好三方面基础工作。一是开展政策宣传培训。加强并创新宣传培训手段,推动商用密码知识在重要领域、重点人群乃至全社会的普及,不断提高社会公众对商用密码应用的认识,增强使用商用密码保护网络安全的意识。二是统筹推进两库建设。建设国家商用密码应用动态数据库和密码安全信息通报机制,掌握全国金融和重要领域网络与信息系统使用商用密码的情况,了解密码安全动态。建立健全商用密码应用试点示范案例库,为各地各行业的密码应用提供示范指导。三是创新应用管理措施。实施源头管理,以网络信息系统为管理对象,检查同步规划、同步建设、同步运行密码保障系统的责任落实情况,确保每一个系统都要合规使用商用密码;实施行为管理,规范网络信息系统运营者的密码使用行为,督促其履行密码安全责任。

四、落实监督考核

推进密码应用需要各地区各部门建立健全监督检查机制,将密码应用工作落实情况纳入年度监督检查范围。国家网络安全检查将各单位重要网络和信息系统密码应用情况纳入自查和抽查范围。定期对工作推进情况进行督查,确保商用密码应用推进工作的质量和进度,排查安全风险和隐患,督促问题及时整改,不断规范商用密码应用。建立商用密码测评认证体系,开展商用密码应用安全性评估①,对采用商用密码技术、产品和服务集成建设的网络和信息系统密码应用情况进行检测,确保商用密码应用的合规、正确、有效。加强各级密码管理部门与公安部门、工商管理部门、质量检测部门、国家安全机关、国家保密部门及国家信息安全测评部门的配合,共同把好商用密码应用的关口,实现对商用密码市场秩序的规范管理。

---

① 商用密码应用安全性评估:是指在采用商用密码技术、产品和服务集成建设的网络和信息系统中,对其密码应用的合规性、正确性和有效性等进行评估的活动。

第二部分

密码技术基础知识

第三章 密码技术基础

密码是保障网络与信息安全最有效、最可靠、最经济的手段。密码的加密保护功能用于保证信息的机密性①,密码的安全认证②功能用于保证信息的真实性③、数据的完整性和行为的不可否认性④。

第一节 什么是密码

"密码"一词在当今社会中随处可见,但是人们对密码的认识往往是模糊不清的,很多人认为密码就是日常生活中使用的口令。事实上,密码具有悠久的发展历史,积累了非常丰富的内容,其含义在发展过程中也不断演变。密码理论与技术的研究逐渐形成了一门专门学科——密码学。

---

① 机密性:是指保证信息不被泄露给非授权的个人、计算机等实体的性质。
② 安全认证:应用密码算法和协议,确认信息、身份、行为等是否真实。
③ 真实性:是指保证信息来源可靠、没有被伪造和篡改的性质。
④ 不可否认性:也称抗抵赖性,是指已经发生的操作行为无法否认的性质。

一、密码的概念和内涵

现实生活中提到"密码"一词,人们通常以为就是每天接触的计算机开机"密码"、电子邮箱登录"密码"和银行卡的支付"密码"等。生活中的这些"密码"实际上是口令,英文为"password"。口令只是进入个人计算机、手机、电子邮箱或者个人银行账户的"通行证",它是一种最简单、最初级的身份认证手段,口令 ≠ 密码。

密码是指使用特定变换对数据等信息进行加密保护或者安全认证的物项和技术。其中加密保护是指使用特定变换,将原来可读的信息变成不能识别的符号序列;安全认证是指使用特定变换,确认信息是否被篡改、是否来自可靠信息源以及确认行为是否真实等。物项是指实现加密保护或安全认证功能的设备与系统,技术是指物项实现加密保护或安全认证功能的方法或手段。密码的加密保护功能用于保证信息的机密性,密码的安全认证功能用于实现信息的真实性、数据的完整性和行为的不可否认性。

20 世纪 70 年代之前的密码仅用于实现信息的加密保护。保护信息的机密性,是密码最原始、最基本的功能。在加密保护中,需要保护的信息称为明文,经过加密变换后的信息称为密文。随着技术的发展,密码不仅可以通过适当的变换实现加密保护,还可以实现实体身份和信息来源的安全认证等功能。

从功能上看,密码技术主要包括加密保护技术和安全认证技术;从内容上看,密码技术主要包括密码算法、密钥管理和密码协议。

密码算法是对信息进行"明""密"变换、产生认证"标签"的一种特定的规则。不同的密码算法实现不同的变换规则：实现明文到密文变换的为加密算法；实现密文到明文变换的为解密算法；实现类似于手写签名功能的为数字签名算法；实现任意长消息压缩为固定长摘要①的为杂凑算法。

在密码算法中，密钥是控制密码变换的关键参数，它相当于一把"钥匙"。只有掌握了密钥，密文才能被解密，恢复成原来的明文。同样，为了能够产生独一无二的数字签名，也需要签名人拥有相应的密钥，以确保签名不能被伪造。密钥是密码安全的根本，需要进行严格管理，制定科学合理的安全策略，对密钥的产生、分发、存储、使用、更新、归档、撤销、备份、恢复和销毁等进行全生命周期的管理。

密码协议是指两个或两个以上参与者使用密码算法，为达到加密保护或安全认证目的而约定的交互规则。密码协议是将密码算法等应用于具体使用环境的重要密码技术，具有十分丰富的内容。

二、密码算法是密码的核心

密码算法的设计与分析是密码技术的核心内容。密码算法设计，也称为密码编码，是根据安全性、实现性等需求指标，设计适用的密码算法；密码算法分析，也称为密码破译，是对密码算法进行各类攻击，检验算法的实际安全性。

"分析"一词在密码中等同于"攻击"或"破译"。密码算法分析与密码算法设计是相伴而成、不断斗争的两个对立面。正是由

---

① 摘要：杂凑算法的输出值。

于这种攻和防的矛盾斗争,促进了密码技术的发展,产生了许多优秀的密码算法。

不同的密码算法,应满足不同的安全功能要求。对于加密算法,要求攻击者不能从密文得到关于明文或者密钥的任何信息;对于数字签名算法,要求攻击者不能伪造有效签名;对于杂凑算法,要求攻击者不能用不同的输入消息产生相同的摘要,以及不能从摘要得到原来的输入消息。

设计满足安全功能要求的密码算法,需要可靠的理论。这一理论就是密码学中的密码编码学,它建立在数学、计算机、通信、电子技术等相关学科基础上,为密码算法设计提供坚实的理论基础和可靠的技术保障。例如,常见的公钥密码算法[1]建立在公认的计算困难问题之上,如离散对数问题。这样的公钥密码算法具有可证明安全性,即如果所依赖的问题是困难的,那么所设计的算法就可证明是安全的。

好的密码算法要能够防止各类攻击。密码学中研究密码算法分析等内容的学科——密码分析学,专门研究各类密码算法、协议等的攻击方法,为最终形成安全的密码算法提供有力的支撑手段。密码算法要经过长时间的分析,才能保证能够抵御各种已知的攻击。实用的密码算法要从理论上估算出各类攻击的复杂度,并保持足够的安全余量。

---

① 公钥密码算法:加密和解密使用不同密钥的密码算法。其中一个密钥(公钥)可以公开,另一个密钥(私钥)必须保密,且由公钥求解私钥计算是不可行的。

三、密钥必须严格保护

现代密码学认为：一切秘密寓于密钥之中，密码算法是可以公开的，密钥则必须绝对保密，这样才能确保密码的安全。密钥参与密码的"运算"，并对密码的"运算"起特定的控制作用。

最初的密码技术，就是一种将信息的文字打乱顺序和替换为其他字母、让攻击者破译不了的方法，也称为密码术。攻击者不掌握这一密码术，就难以获取原来的信息。密码的整个秘密就是密码术本身。一旦这种技术被攻击者掌握，就必须设计和更换新的密码。

随着密码技术的发展，密码的具体实现过程，即怎么进行打乱处理的过程（密码算法）逐渐公开化，但需要在其中加入控制密码处理过程的秘密信息，即密钥。不知道密钥，即使知道密码是怎么进行变换处理的，也不能从密文中得到原来的明文。这样一来，密钥成为控制密码处理过程的关键因素，密码技术中需要保密的只有密钥。为了安全，可以定期更换密钥，而无须改变密码的处理过程，也就是不用更换密码算法，这样既安全又节省成本。

实际上，密钥就是控制密码运算过程的一串不可预测的随机数。例如，加密过程中，将密钥和被加密的信息通过数学运算充分地"搅拌"在一起，形成难以破译的密文。合法用户如果需要打开这些密文，只需利用密钥，就像用钥匙开锁一样，经过与加密过程相反的数学运算，也即解密过程，就可从密文中恢复原来的明文。

如果算法的安全强度足够大，攻击者只能靠猜测密钥的方法进行破译，但猜对的概率几乎为零。例如，SM4算法是公开的，也就是如何实现加密的过程、程序是公开的，但128比特的密钥需要保密。假设攻击者获取了一个密文,他如果在所有可能的密钥中猜测,需要试验 2^{128} 次。即使用超级计算机(每秒试验 10 万亿个密钥),仍需要试验 108 亿亿年。

在密码系统中,密钥的生成、使用和管理至关重要。密钥的失控将导致密码系统失效,因此密钥必须严格保护。

四、密码协议是密码应用的交互规则

所谓协议,就是通信双方约定好的一些传递信息的方法和过程。这如同两个人打电话一样,摘机→互报姓名→双方讲话→挂机,这个过程就是通话协议。密码学中用"交互"一词来表示用户之间来回传递信息。

实际中,应用密码算法实现特定安全功能是十分复杂的,不同的使用环境需用不同的密码协议。不同的安全功能,也由不同的密码协议实现。因此,密码技术中存在多种多样的密码协议,如身份认证协议、密钥协商协议、电子支付协议等。

如果一个人想要向另一个人确认自己的身份,利用简单的"口令"显然是极不安全的。利用对称密码算法①则可实现一个安全的身份认证协议。实现 A 和 B 两人之间,A 确认 B 身份的认证协议由以下步骤组成:

(1)A 和 B 拥有一个相同的密钥。

(2)A 向 B 发送一个随机的明文消息串。

(3)B 收到后,用密钥将明文加密,再将密文发送给 A。

---

① 　对称密码算法:一般指加密和解密采用相同密钥的密码算法。

（4）A 收到密文后，用密钥解密，若得到和原来一样的明文，说明 B 拥有相同的密钥，即拥有合法的身份；如果和原来明文不一致，则说明 B 没有合法的身份。

如何建立上述协议中的相同密钥呢？ 除了当面协商外，还可以采用相应的密钥协商协议在线协商产生。密钥协商协议就是通信双方互不见面，但通过协商，建立一个只有双方知道的密钥，也叫共享密钥。Diffie-Hellman 密钥协商协议就是基于离散对数的困难问题，建立共享密钥的密码协议。

密码协议的安全性对密码应用至关重要，密码协议不安全，即使密码算法再安全，密码应用仍是不安全的。密码协议的安全性，一方面由所用密码算法的安全性决定，另一方面由交互规则的安全性决定。实际上协议的漏洞往往存在于交互方式之中。因此，协议中常加入随机数、时间戳等参数，防止消息重用和中间人攻击等。

第二节　密码是保障网络与信息安全的核心技术

密码在网络空间中身份识别、安全隔离、信息加密、完整性保护和抗抵赖性等方面具有不可替代的重要作用，可实现信息的机密性、真实性、数据的完整性和行为的不可否认性。相对于其他类型的安全手段，如人力保护、设备加固、物理隔离、防火墙、监控技术、生物技术等，密码技术是保障网络与信息安全最有效、最可靠、最经济的手段。

一、保证信息的机密性

信息的机密性是指保证信息不被泄露给非授权的个人、计算机等实体的性质。

信息是网络空间中最有价值的资产,信息泄露会对国家、社会、行业、团体和个人带来巨大的危害和影响。信息的机密性是网络与信息安全的主要属性之一。

现实物理世界中实现信息的机密性,如将一份文件秘密保存或传递,一般采用加装保护设施、增加警卫人员、藏匿或伪装等手段。但这些手段从保存和传递两个方面来说都不便捷,而且人力物力投入大,人为风险因素多。

电子世界中,纸质文件、资料、书籍等都被编码为计算机中的电子文件,这虽然大大提高了文件处理、传输和存储的能力,但给实现信息的机密性带来诸多挑战。例如,电子文件容易被拷贝、截取和传播,且这些行为都难以被觉察。

采用密码技术中的加密保护技术,可以方便地实现信息的机密性。利用实现加密的一段计算机程序,对电子文件进行加密,可产生形如乱码的密文。攻击者即使截取了密文,由于加密算法具有足够的强度,他也不能从密文中获取有用信息。而拥有密钥的人利用实现解密的一段计算机程序,可从这一串乱码中恢复出原来的文件。

信息安全中的访问控制技术也可以在一定程度上保证信息的机密性,例如,采用口令技术防止非法用户进入某个应用系统的数据库。但这一技术仅相当于在数据库门口增加了"门卫",而数据本身仍然是明文状态。一旦攻击者绕过"门卫"或者"门卫"失效，则数据库毫无机密性可言。

二、保证信息的真实性

信息的真实性是指保证信息来源可靠、没有被伪造和篡改的性质。

信息的真实性也是网络与信息安全的主要属性之一。如何鉴别信息的合法性？如何确认真实的身份信息？如何防止冒充、伪造？这些都是网络与信息安全领域非常重要的任务，它们直接影响着社会秩序、生产生活秩序的各个方面。

现实生活中，可以通过相貌、声音、形态等体貌特征确认人的身份，通过盖章、签字、手印等措施实现消息来源的可靠性。但在开放的网络环境下，身份信息和消息来源很容易被伪造，电子信息和文件很容易被拷贝、截获和重用。

密码中的安全认证技术正是为解决信息的真实性等问题而出现的。这些技术包括数字签名、消息认证码、身份认证协议等。这些技术的基本思想是：合法的人都有各自的"秘密信息"。用这个"秘密信息"对公开信息进行处理，得到相应的"印章"，用它来证明公开信息的真实性。而不掌握相应"秘密信息"的非法用户无法伪造"印章"。

其他可实现真实性的技术，例如生物特征技术，利用指纹、虹膜等进行身份认证。但它们如果不结合密码技术，用于远程认证将非常不安全。

三、保证数据的完整性

数据的完整性是指数据没有受到非授权的篡改或破坏的性质，它是网络与信息安全的又一个重要属性。

信息时代具有空前数量的数据、信息、文件等，各行各业都存在大量的公开传输、存储的数据。如何保证这些数据在传输、存储过程中不被篡改是极具挑战的任务，特别是维护大量资料库、文件库时，这一任务更为艰巨。

现实生活中对数据完整性的保护，也是采用签字、盖章等手段。如：对一叠文件加盖"骑缝章"，保护页数不丢失；采用水印技术，保护文件不被篡改。对于电子形式的文件来说，实现完整性同样遇到了文件容易被修改以及修改不易被察觉等困难。

杂凑算法可方便地实现数据的完整性。杂凑算法通过数学处理过程，从文件中计算出唯一标识这个文件的特征信息，称为摘要。文件内容的细微变化都会产生不同的摘要。只要在电子文件后面附上一个这样简短的摘要，就可以鉴别文件的完整性。

因为不同的文件拥有不同的摘要，一旦文件被篡改，摘要也就不同了。要想检查某个文件是否被修改了，只需使用杂凑算法计算出一个新的摘要，将这个新的摘要与原来附带的摘要进行比对，如果两个摘要一样，就说明这个文件没有被改动，反之则证明已被修改。对于大量的电子文件的保护任务而言，杂凑算法是一种非常便捷、可靠的安全手段。

实现数据完整性的其他技术还有校验码和纠错码等，但这些技术是为了检查和纠正通信中干扰造成的错误，不适合用于大容量信息的完整性保护。

四、保证行为的不可否认性

不可否认性也称抗抵赖性,是指一个已经发生的操作行为无法否认的性质,它同样是网络与信息安全的重要属性。

在现实生活中发生的行为会留下证据或"蛛丝马迹",可作为抗抵赖的凭据。如:合同签署后,如果一方否认已签署过合同,他的签字可以防止其抵赖;监控录像可以记录犯罪嫌疑人留下的影像。但在网络上已生效的电子合同、电子声明等如何防止抵赖?这是实现网络与信息安全的重要任务之一。

基于公钥密码算法的数字签名技术,可有效解决行为的不可否认性问题。用户一旦签署了数字签名,就不能抵赖、不可否认。对解决网络上的纠纷、电子商务的纠纷等问题,数字签名是必不可少的工具。

虽然计算机、网络和信息系统的日志能在一定程度上证明用户的操作行为,但由于日志容易被伪造和篡改,因此无法实现高安全的不可否认性。

第三节　常见的密码算法类型

常见的密码算法有对称密码算法、公钥密码算法和密码杂凑算法等类型。习惯上,对称密码算法简称为"对称密码";公钥密码算法简称为"公钥密码";密码杂凑算法简称为"杂凑算法",也称"散列算法"或"哈希算法"。

一、对称密码算法

对称密码算法加密过程与解密过程使用相同或容易相互推导得出的密钥,即加密和解密两方的密钥是"对称"的。这如同往一个上了锁的箱子里放物品,放入时需要用钥匙打开;想要取出物品时,还需要用同样的钥匙开锁。

从传统的习惯看,加密和解密必然使用同一个密钥,因为只能用同样的钥匙开一把锁。因此,传统的密码算法都是对称形式的密码算法。

针对不同的数据类型和应用环境,对称密码有两种主要形式:一是序列密码①;二是分组密码②。

(一) 序列密码

序列密码适用于实时性要求高的场景,如电话、视频通信等。序列密码加密过程很简单,就是将密钥和明文数据的字母逐个进行"相加"运算;解密再用同样的密钥对密文进行逐个字母的"相减"运算。序列密码需要快速产生一个足够长的密钥,因为有多长的明文,就要有多长的密钥。为此,序列密码的主要任务是从一个短的初始密钥,快速产生一个足够长的"密钥流"。因此,序列密码也叫作"流密码"。

ZUC 算法是我国颁布的商用密码标准算法中的序列密码算法,也称为祖冲之算法。ZUC 算法采用 128 比特的主密钥和 128

---

① 序列密码:将明文逐比特/字符运算的一种对称密码算法,也称"流密码"。

② 分组密码:将输入数据划分成固定长度的分组进行加解密的一类对称密码算法。

比特初始向量作为输入参数。ZUC 算法体现了序列密码设计上的发展趋势,具有较大安全余量,并且算法速度快,软硬件实现性能都比较好。ZUC 算法已作为国际第四代移动通信加密标准使用。

（二）分组密码

分组密码是将明文数据分成多个等长度的块,这样的数据块叫作分组。每个分组以同样的处理过程、同样的密钥进行加密和解密。它的加解密过程一般采用混淆和扩散部件的多次迭代方式。但分组密码不用产生很长的密钥流。它的特点是适应能力强,可用于多种计算平台,易于标准化,多用于大数据量的加密场景。

SM4 算法是我国颁布的商用密码标准算法中的分组密码算法。SM4 算法的分组长度为 128 比特,密钥长度为 128 比特,解密算法与加密算法相同。它具有算法速度快、实现效率高、安全性好等优点,主要用于保护数据的机密性。

二、公钥密码算法

公钥密码算法,又称非对称密码算法,打破了对称密码算法加密和解密必须使用相同密钥的限制,很好地解决了对称密码算法存在的密钥管理难题。公钥密码算法一般包括公钥加密算法、数字签名算法和密钥协商算法。密钥协商算法一般基于公钥加密算法,结合特定密码协议,用于协商通信双方共同使用的密钥。

（一）公钥加密算法

公钥加密算法加密和解密使用不同的密钥。其中加密的密钥被公开,称为公钥;解密的密钥被保密,称为私钥。公钥和私钥是密切关联的,从私钥可推导出公钥,但从公钥不能推导出私钥。

在应用公钥加密算法时,每个用户都有自己的一对公钥和私钥,公钥公开,私钥保密。需要向谁秘密通信,只需用谁的公钥对消息进行加密,具有相应私钥的人可以解密得到明文,而没有相应私钥的人都无法进行解密。如果说对称密码像带锁的箱子,加解密用同一个钥匙,那么公钥加密就如同换成带投递口的私人报箱,任何人可以从投递口放入消息,但只有拥有钥匙的人才能打开报箱。

公钥加密的速度一般比对称加密慢,主要用于短数据的加密。例如,用公钥加密算法建立共享密钥,即将对称密码的密钥当作消息,用公钥加密后发送给对方。对方解密后得到对称密码的密钥,再用它进行数据的对称加密和解密。

SM2 算法是我国颁布的商用密码标准算法中的公钥密码算法。SM2 算法基于椭圆曲线上离散对数计算困难问题,密钥长度为 256 比特,具有密钥长度短、安全性高等特点。SM2 算法中的公钥加密算法可应用于数据加解密和密钥协商等。

（二）数字签名算法

数字签名算法也称电子签名算法,可以实现类似于手写签名的功能,但借助数学方法,比手写签名更安全、功能更强。

在应用数字签名算法时,每个签名者都有一对公钥和私钥,公钥公开,私钥保密。与公钥加密使用公钥和私钥的顺序不同,数字签名使用私钥对消息进行签名,这一过程称为签名过程;使用公钥对签名进行验证,这一过程称为验证过程。

数字签名算法可用于确认数据的完整性、签名者身份的真实性和签名行为的不可否认性等。因为数字签名是用私钥产生的，没有私钥不能产生有效的签名，所以数字签名是不可伪造的。因为签名者和公钥有一一对应关系，可以用公钥对数字签名进行公开验证，因此合法的签名是可公开验证的。因为只能用签名者的公钥（而不是其他人的公钥）进行签名的验证，所以签名者不能否认自己签过的签名。由于一般需要签名的消息或文件很长，实际中数字签名算法都要将消息用杂凑算法进行压缩，再进行签名。

SM2 算法中的数字签名算法已在我国电子认证领域广泛应用。此外，SM9 算法是我国颁布的商用密码算法中的另一种公钥密码算法，它是一组基于身份标识的公钥密码算法，也被叫作标识密码，包括数字签名算法、密钥交换协议、密钥封装和公钥加密算法。SM9 算法采用规模为 256 比特的椭圆曲线。

三、杂凑算法

杂凑算法是将任意长的消息压缩成固定长度短消息的函数，具有抗碰撞性和单向性等性质函数的输出称为摘要值，或称摘要。杂凑算法的基本想法是让摘要值作为输入串的紧凑表示。

杂凑算法的抗碰撞性是指寻找两个不同消息，使二者的摘要值相同，在计算上是不可行的；或者对一个给定的消息，寻找另一个不同消息，使二者摘要值相同，在计算上也是不可行的。单向性是指从摘要值不能反向求出输入消息。

杂凑算法的作用很多，它可以用于数字签名：先对消息进行压缩后，再对摘要值进行签名，因为很长的文件不能一页一页地签名;它可检测消息的完整性,由摘要值判断消息是否被篡改;它可用于口令的存储,利用单向性的特点,即使暴露了摘要值也不会暴露口令。

SM3 算法是我国商用密码标准中的杂凑算法。SM3 算法采用成熟技术设计,由简单运算的充分多次迭代实现,摘要值长度为 256 比特,算法速度快,适用性强,可用于数字签名、口令安全存储以及生成伪随机数等。

第四章　密码技术发展简史

密码由来已久,经历了古典密码、机械密码、现代密码三个发展阶段。在这一过程中,战争促进密码技术不断演变,理论发展推动密码成为科学。当前,广泛多样的应用需求和日趋激烈的攻防对抗,正在促使密码技术快速发展。

第一节　密码溯源

人类社会出现后就有了信息交流,也就有了保护信息不被第三方获知的需求。古代很早就采用"隐符""隐写术"等技术对信息的机密性进行保护,这些技术也常被称为"古代加密技术",可视为密码技术的萌芽。

古典密码是密码学的源头,著名的古典密码有恺撒密码和栅栏密码。古典密码中的密码技术大都比较简单,采用手工操作就可进行加密运算,现已很少使用。

一、密码技术的萌芽

中国,远在周代,姜太公与周武王在军事作战时,使用"隐符"

进行保密通信。所谓"隐符",就是双方事先约定,不同长度的木板、竹节代表不同含义。由于"隐符"上并未刻有文字,即使丢失也不用担心泄密。到了东周,"隐符"逐渐被"隐书"代替。"隐书"是将文字刻在一块板上,然后一破为三,每人各持一块,只有合三为一才能显示出完整内容,这样即使丢失其中一块,也不至于泄密。

国外,最早的密码术可追溯到数千年前的古希腊、古罗马时代。在公元前440年的古希腊战争中,奴隶主赫斯坦(Histaieus)为推翻波斯人统治,想与爱奥尼亚城统治者联合行动,采用了"隐写术"进行保密通信。他剃光一位忠实奴隶的头发,将情报刺在其头皮上,等待头发长出来之后,就让奴隶出发前往爱奥尼亚城。奴隶到达目的地后,让人剃光自己的头发,对方就看到了奴隶头皮上刺的情报。

二、恺撒密码

大约在公元前50年,罗马帝国扩张期间出现了一种密码术,这种密码术被古罗马历史上著名的恺撒(Caesar)大帝在作战时频繁使用,后人称之为"恺撒密码"。恺撒密码其实是一种非常简单的加密技术,但在当时的战争中发挥了极其重要的作用。

恺撒密码是一种"代替密码",其加密方式就是将英文中的每个字母用另外一个字母来代替。如表4-1所示,在恺撒密码明密代替表中,英文字母 a 用 d 代替,b 用 e 代替,以此类推,x 用 a 代替,y 用 b 代替,z 用 c 代替。

表 4-1　恺撒密码明密代替表

明文	*a b c d e f g h i j k l m n o p q r s t u v w x y z*
密文	*d e f g h i j k l m n o p q r s t u v w x y z a b c*

恺撒密码的"明密"变换通过手工操作就可完成。例如，"l d p q l q h l d p d v w x g h q w"无法表示任何有意义的信息。将密文字母按表 4-1 反向查找，写出相应的明文字母。上述密文对应成明文是"i am nine, i am a student"（我九岁了，我是一名学生）。原来没意义的密文信息变成了有意义的明文信息。

恺撒密码是对英文 26 个字母进行移位代替的密码，属于"移位代替密码"，是最简单的一类代替密码。恺撒密码的本质是构建了一张明密代替表，即密码本。明密代替表就像一把钥匙，用这把钥匙可以方便地进行"加密""解密"操作。在恺撒密码中，明文字符、密文字符都是按顺序排列，因此对于 26 个英文字母的明文序列，只能构建出 25 种不同密文序列的明密代替表。明密代替表的个数称为密钥量。也就是说，恺撒密码的密钥量为 25。虽然恺撒密码在古罗马战场中发挥了重要作用，但容易被"穷举破译"。

为克服密钥量太小的缺点，在恺撒密码的基础上发展出了单表代替密码。明密代替表中的密文字符不要求按顺序排列，例如，密文字符 d 后面不要求是 e，可以是除了 d 之外任何字符，那么类似表 4-1 的明密代替表将会有 $25 \times 24 \times 23 \times \cdots \times 1$ 个，即将近有 4×10^{26} 个明密代替表。单表代替密码使恺撒密码的密钥量得到极大增加。

单表代替密码的密钥量很大，穷举破译的难度大大增加。但密码破译者并不需要采用"穷举破译"这一笨办法,采用"统计分析法"就可很容易地破译单表代替密码。统计分析方法,是利用明文的已知规律进行破译的方法。破译者对密文进行统计分析,总结出它的统计规律,与明文的已知统计规律进行对照比较,从中提取出明文和密文之间的对应或变换信息。

单表代替密码虽然密钥量不少,但是密文和明文却存在对应关系,即密文字母出现的频率与对应明文字母出现的频率相同。这一规律被称为"明密异同规律",破译者可以根据这个统计规律进行破译。

任何一种语言都有其内在的统计规律。比如,英文中字母 e 出现最多,如果密文中 h 出现最多,就可推测对应的明文字母是 e 的可能性最大。如图 4-1 所示,根据英文字母出现频率统计结果,就可猜测出每个密文字母大致对应的明文字母,然后整理破译出来的信息,使其成为有意义的明文。同时,还可以得到使用的密钥——明密代替表。

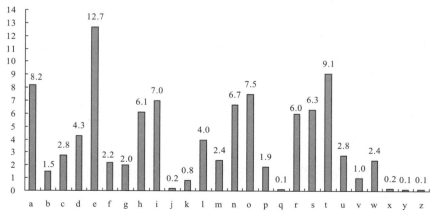

▲　图 4-1　英文字母出现频率统计

单表代替密码的缺陷使得它逐渐被历史淘汰,后来人们开始使用多张表的组合,称之为多表代替密码。历史上著名的维吉尼亚密码就是一种典型的多表代替密码,它是以 16 世纪法国密码学家贝雷斯·德·维吉尼亚(Blaise de Vigenere)的名字命名的。

多表代替密码就是用多张字母代替表周期性地进行代替变换。应用多表代替密码,同一明文字母替换为密文字母时,每次对应的密文字母往往会不同。这是由于不同位置的同一明文字母使用了不同的明密代替表进行代替变换。多表代替密码可以破坏明密异同规律,从而起到更好的保密作用。

三、栅栏密码

古典密码中还有一类著名的密码是"置换密码",置换密码不是用密文字母代替相对应的明文字母,而是通过打乱明文字母的位置,使有意义的明文信息变换为无意义的密文乱码。栅栏密码是置换密码的典型代表。栅栏密码出现于 1861 年至 1865 年的美国南北战争时期。其加密原理是:明文按列写入,密文按行输出。

例如,明文为 attack at seven(七点开始攻击),加密方法是将明文依次按列写入,其结果如表 4-2 所示。

表 4-2　栅栏密码

1	2	3	4	5	6	7
a	t	c	a	s	v	n
t	a	k	t	e	e	

加密后按行输出,先输出第一行,再输出第二行,得到密

文 atcasvntaktee。

要想使密文更加混乱,加密者还可将列的顺序打乱,然后再按行输出密文。例如在表4-2空格内补充上"＊",然后按照"３５７６２１４"重新排列,得到如表4-3所示的排列表。

表4-3　栅栏密码演变形式

3	5	7	6	2	1	4
c	s	n	v	t	a	a
k	e	＊	e	a	t	t

最后按行输出密文 csnvtaake＊eatt,这样得到的密文看似更随机。

表4-3的加密密钥为"３５７６２１４",解密密钥为"６５１７２４３",因为密文的第1列是原来明文的第3列,所以解密时需将密文的第1列放回第3列,以此类推,便可由加密密钥得到解密密钥。这种密码变换在数学领域叫作置换,"３５７６２１４"就是一个7阶置换,"２３１"就是一个3阶置换。加密技术中可以使用一个置换也可以使用多个置换。与代替密码相比,置换密码具有自己的优点,就是可以打破消息中某些固定的结构模式,这个优点后来融入到现代密码设计思想中。

古典密码中不管是恺撒密码还是栅栏密码,都有自身的缺点可以被破译者利用,但是如果将置换密码与代替密码二者组合起来,则可以在一定程度上使得变换更复杂。乘积密码就是以某种方式连续执行两个或多个密码变换技术,从而使最后加密结果更随机,从密码编码的安全性角度来看,比单一的代替密码和置换密码都更强。古典密码中的代替密码(主要代表为恺撒密码)与置换密码(主要代表为栅栏密码)可以组合成多种新的密码形式,即乘积密码的具体形式,这也是分组密码的雏形。

第二节　战争促进密码快速发展

在战争中,密码设计者不断地设计出新的密码,这些密码又不断地被密码分析者破译。设计和破译就像矛和盾,此消彼长,密码在战争中不断发展演变,越来越复杂,越来越难以破译。手工作业方式已难以满足复杂密码运算的要求,密码研究者设计出了一些复杂的机械和电动机械设备,实现了信息的加解密操作,近代密码时期宣告到来。

一、电报密码破译致使清军甲午惨败

1894 年 7 月,清军雇用"高升"号等英国轮船秘密向朝鲜牙山运兵。由于清军电报密码被日军破译,清军行动计划被日军掌握,日军舰队发起突袭,造成清军损失惨重。黄海海战前,日军又破译了北洋水师于 9 月 15 日运兵在大东沟登陆的电报。日本联合舰队设伏大东沟附近,导致北洋水师惨败。李鸿章赴日谈判期间,因不知密码已被破译,依旧使用原有的密码,他与朝廷通信内容及割地赔款底线全部被日方获知,整个和谈进程完全被日方掌控,致使清政府在谈判中损失惨重,被迫与日本签订丧权辱国的《马关条约》,加速了清朝的灭亡。

二、齐默尔曼电报破译促使美国宣战

1917 年 1 月,第一次世界大战进入第三年,英国海军破译机

构截获德国外长齐默尔曼向德国驻墨西哥公使签发的一份密码电报,于 2 月下旬完全破译了这份电报。电报指出,中立国家的船队也在其打击目标之列,若美国继续中立,就要求墨西哥与德国结盟,对美宣战。英国外交部在 2 月 22 日将此电报的破译结果交给了美国政府,德国政府的阴谋激怒了保持中立的美国,五个星期后美国对德宣战,出兵西线。英国成功地破译齐默尔曼电报促使美国参战,最终加速了协约国的胜利。

三、恩尼格玛密码破译加速了第二次世界大战胜利进程

如果说在第一次世界大战中,英国海军破译机构对齐默尔曼电报的破译还有一点侥幸的话(该电报加密强度不够),那么第二次世界大战中德军使用的恩尼格玛密码机着实让同盟国伤透了脑筋。

恩尼格玛密码机是转子机械密码机的统称,它包括了一系列不同的型号,由德国人亚瑟·谢尔比乌斯和理查德·里特发明,在 20 世纪 20 年代开始被用于商业,后来被一些国家的军队与政府进行改造并使用,最著名的是掀起第二次世界大战的纳粹德国。

恩尼格玛密码机由多组转子组成,每组转子上刻有 1 到 26 个数字,与 26 个字母一一对应。转子的初始方向、转子之间的相互位置以及连接板的连线状况构成了三道密码变换防线,使整个系统变成了复杂的多表代替密码系统。

恩尼格玛密码机的密码变换组合异常复杂。一台只有三个转子——慢转子、中转子和快转子的恩尼格玛密码机能够构成数量

巨大的不同变换组合。三个转子不同的方向组成了 26×25×26 ＝ 16900 种可能性；三个转子不同的相对位置构成 6 种可能性；连接板使三个转子两两交换 6 对字母，则可构成 100391791500 种组合。因此，一台只有三个转子的恩尼格玛密码机就会有 16900×6× 100391791500 种不同组合，即大约 1 亿亿种不同的密码变换组合。

这样庞大的可能性超出了当时的计算能力，换而言之，靠采用"人海战术"进行"暴力破解"来逐一试验可能性，几乎是不可能实现的事情。而电报收发双方，则只要按照约定的转子方向、位置和连接板的连线状况（相当于密钥），就可以非常轻松简单地进行通信。这就是恩尼格玛密码机的加解密原理。

从 1926 年开始，英国的情报机构就开始对恩尼格玛密码机进行分析，但一直一筹莫展，直到 1941 年英国海军捕获德国潜艇 U–110，拿到德国海军用的恩尼格玛密码机和密码本后，通过对大量明文与密文的统计分析，密码破译才有了转机。恩尼格玛密码机是一种多表代替密码系统，由于多表代替密码是由若干个单表组成的，而密钥的长度就是单表的个数。密码分析者先利用概率论中的贝叶斯公式确定密钥长度 n；接下来对 n 个单表分别进行统计分析，在分析每一个单表代替密码时，所对应的明文不再符合英文字母统计规律，需要利用统计学的公式进行推导；最后再确定出每一个单表，得到每个表对应的密钥。英国海军破译机构找到了多表代替密码的统计规律，利用这些规律最终完成了对恩尼格玛密码机的破译工作。

英国国王乔治六世称赞此事件是整个第二次世界大战海战中最重要的事件。在战争结束以后，英国并没有对破译恩尼格玛密码机一事大加宣扬。直到 1974 年,曾参与破译工作的英国人伊·蒙塔古(E.Montagu)写的《超级机密》(*The Ultra Secret*)一书出版,才使外界广泛了解到第二次世界大战中盟军密码学家的辛勤工作。

四、JN-25 密码破译赢得了太平洋战争

第二次世界大战中,密码攻防战持续升级。除盟军对恩尼格玛密码机破译的典型案例外,在亚洲战场,编码与破译之间的斗争同样是惊心动魄。1943 年春天,山本五十六为了控制不断恶化的残局,亲自前往所罗门群岛基地巡视,以鼓舞士气。1943 年 4 月 13 日,日军第八舰队司令将山本一行视察的行程、时间表,用 D 号密码(美军称为 JN-25)加密后发给有关基地。尽管该密码的密码本在 4 月 2 日刚刚被换过,但美国破译人员根据过去收集的资料,利用多表代替的统计特性破译了这份密报。经过周密安排,美军飞机于 4 月 18 日击落了飞往视察地途中的山本五十六乘坐的飞机。

美国破译日本密码的深远影响,绝不仅仅限于一次战役或一个战区,它的意义是战略性的、转折性的,在很大程度上指导着美国制定太平洋战争的总方针。一位美国情报官员更是以带有一定夸张的口吻说,密码破译赢得了这次战争。

第三节 理论发展推动密码成为科学

"信息论之父"香农(Shannon)保密通信理论的发表和美国数据加密标准 DES 的公布,以及公钥密码思想的提出,标志着现代密码时期的到来和密码技术的蓬勃发展。

一、密码理论不断创新

20世纪40年代末,香农连续发表了两篇著名论文——《保密系统的通信理论》和《通信的数学理论》,精辟阐明了关于密码系统的设计、分析和评价的科学思想。文章正式提出评价密码系统的五条标准,即保密度、密钥量、加密操作的复杂性、误差传播和消息扩展。

基于香农提出的理想密码模型"一次一密"理论,最安全的密码是1比特密钥保护1比特明文。然而现实中真正的无限长随机密钥难以找到。密码学家们设计出实际可用的序列密码,其主要设计思想就是"用短的种子密钥生成周期很长的随机密钥序列",也就是说,输入较少比特的初始密钥,借助数学公式产生周期很长的密钥,再用这些密钥和明文逐比特进行异或得到密文,近似地可以看作是"一次一密"。

二、密码算法标准不断更新

20世纪70年代初,IBM公司的密码学者菲斯特(Feistel)开始设计一种分组密码算法,到1977年设计完成。他设计的算法密钥长度为56比特,对应的密钥量为2^{56},不低于恩尼格玛密码机的密钥量,而且操作远比恩尼格玛密码机简单快捷,明密文统计规律更随机。这项研究成果被采纳成为美国数据加密标准DES算法[①]。在随后近二十年中,DES算法一直是世界范围内许多金融机构进

---

① 　DES算法:全称为Data Encryption Standard,即数据加密标准,是一种分组密码算法,1977年被美国联邦政府的国家标准局确定为联邦信息处理标准(FIPS),并授权在非密级政府通信中使用。

行安全电子商务使用的标准算法。但随着计算机硬件的发展及计算能力的提高,1998 年 7 月,电子边境基金学会(EFF)使用一台 25 万美元的电脑在 56 小时内破译了 DES 算法,1998 年 12 月美国正式决定不再使用 DES 算法。

1997 年 1 月,美国国家标准与技术研究院发布公告征集高级加密标准 AES 算法①,用于取代 DES 算法作为美国新的联邦信息处理标准。1997 年 9 月,AES 算法候选提名的最终要求公布,基本要求是分组密码,分组长度 128 比特,密钥长度支持 128、192 和 256 比特,这样使得密钥量更大,即使使用目前最快的计算机,也没有办法进行穷举搜索。AES 算法采用宽轨道策略设计,结构新颖,基于的数学结构是有限域 $GF(2^8)$,到目前为止已经历时 20 年,差分分析、线性分析、代数攻击等分析方法都对它束手无策。

随着国际密码标准制定活动的进展,国内密码学者越来越重视算法的设计与分析。2006 年 1 月,国家密码管理局公布了无线局域网产品中适用的 SM4 算法。SM4 算法具有安全高效的特点,在设计和实现方面有以下优势:

(1)在设计上实现了资源重用,密钥扩展过程和加密过程类似。

(2)加密过程与解密过程相同,只是轮密钥使用顺序正好相反,它不仅适合于软件编程实现,更适合于硬件芯片实现。

(3)轮变换使用的模块包括异或运算、8 比特输入 8 比特输出的 S 盒,还有一个 32 比特输入的线性置换,非常适合于 32 位处理

---

① AES 算法:全称为 Advanced Encryption Standard,即高级加密标准,是美国国家标准与技术研究院发布的一种分组密码算法。

器的实现。

密码学者们还对 SM4 算法的核心模块进行了安全性研究，得到以下结论：

（1）在密码指标性能方面，SM4 算法的 S 盒设计已达到欧美分组密码标准算法的 S 盒设计水平，具有较高的安全特性。

（2）线性置换的分支数达到了最优，可以抵抗差分分析、线性分析、代数攻击等密码分析方法。

此外，我国在杂凑算法方面也作出了突出贡献。2004 年王小云教授在国际密码学年会上宣布利用扩展的差分分析方法成功找到 MD4 算法的碰撞，之后不久，MD5 算法也被同样的分析方法破译。2010 年，国家密码管理局公布了商用密码杂凑算法 SM3。该算法采用简单运算的充分多次迭代实现，安全性强，目前对它的分析尚未找到明显弱点。

三、公钥密码应运而生

随着互联网的飞速发展及广泛应用，密码技术不再只运用于军事领域，政治、经济等领域的网络与信息安全问题越来越受到人们的重视，作为核心技术的密码算法研究也不断深入，密码技术开始渗透到人们的日常生活中。只具有加密保护功能的密码算法已不能满足人们越来越多的效率和安全需求。

比如，n 个用户进行网络通信，两两之间需要一个密钥，那么共需 $n(n-2)/2$ 对密钥。随着用户数量增加，每个用户需要的密钥量也会增加，这为密钥记忆或存储带来很大麻烦，因此需要使用具有密钥协商功能的密码算法，同时，为了避免通信双方的欺骗或者骚扰,还需要使用具有认证功能的密码算法。

"只有想不到,没有做不到",市场需求一旦出现,那么满足需求的密码技术也很快就会产生。

1976 年,迪斐(Diffie)和赫尔曼(Hellman)发表题为《密码学的新方向》(*New Direction in Cryptography*)的著名文章,他们首次证明了在发送端和接收端无密钥传输的保密通信是可能的,从而开创了密码学的新纪元。这篇论文引入了公钥密码学的革命性概念,并提供了一种密钥协商的创造性方法,其安全性基于离散对数求解的困难性。虽然在当时两位作者并没有提供公钥加密方案的实例,但他们的思路非常清楚——加密密钥公开、解密密钥保密,网络通信中 n 个用户只需要 n 对密钥,因此在密码学领域引起了广泛的兴趣和研究。

1977 年,由里夫斯特(Rivest)、沙米尔(Shamir)和阿德曼(Adleman)三人提出了第一个比较完善和实用的公钥加密算法和签名方案,这就是著名的 RSA 算法[①]。RSA 算法设计基于的数学难题是大整数因子分解问题,即将两个素数相乘是件很容易的事情,但要找到一个大整数的素因子却非常困难,因此可以将乘积公开作为密钥。1985 年另一个强大而实用的公钥方案被公布,称作 ElGamal 算法[②],它的安全性基于离散对数问题,在密码协议中有大量应用。之后基于其他数学难题的公钥密码算法也陆续登场,

---

① RSA 算法:1977 年由 Ron Rivest、Adi Shamir 和 Leonard Adleman 基于大整数因子分解难题提出的公钥密码算法。RSA 就是由三位设计者姓氏首字母拼在一起组成的。

② ElGamal 算法:1985 年提出的一种公钥密码算法,安全性依赖于有限域上离散对数求解这一难题。

它们的安全性都是计算安全而不是无条件安全。

进入 21 世纪之后，随着计算机运行速度的极大提高，RSA 算法的安全性受到了严重威胁：

2002 年，RSA-576 被成功分解；

2005 年，RSA-640 被成功分解；

2009 年，RSA-768 被成功分解；

……

随着分解整数能力的增强，RSA 算法的密钥现在起码需要 2048 比特的长度才能保证其安全性。形势更加严峻的是，量子计算机①的出现可能将大整数因子分解变成易如反掌的事。

21 世纪初，更加难解的椭圆曲线离散对数问题被人们提上日程，基于这个数学难题设计的椭圆曲线公钥密码算法②成为研究热点。2005 年 2 月 16 日，美国国家安全局宣布决定采用椭圆曲线密码作为美国政府标准的一部分，用来保护敏感但不保密的信息。

我国学者对椭圆曲线密码的研究从 20 世纪 80 年代开始，目前已取得不少成果。2010 年 12 月，国家密码管理局颁布了《SM2 椭圆曲线公钥密码算法》，该算法推荐使用素数域 256 位的椭圆曲线。与 RSA 算法相比，学者们普遍认为 SM2 算法具有以下优势：

（1）安全性高：256 位的 SM2 算法密码强度已超过 RSA-2048。

（2）密钥短：SM2 算法使用的密钥长度通常为 192—256 位，

---

① 量子计算机：基于量子力学规律（如量子态叠加、纠缠等）设计的信息处理装置。

② 椭圆曲线公钥密码算法：椭圆曲线是域上的一种光滑射影曲线，曲线上的点构成一个代数结构——群，在此群上可以构建离散对数问题，基于该问题构建的公钥密码算法。

而 RSA 算法通常需要 1024—2048 位。

（3）签名速度快：同等安全强度下，SM2 算法在用私钥签名时，速度远超 RSA 算法。

对我国公钥密码走向应用、形成自主知识产权的产品来说，SM2 算法可谓是一场及时雨，它不仅提供加密功能，还提供数字签名功能和密钥协商功能，可以方便地服务于电子邮件、电子转账、电子商务及办公自动化等系统。

随着应用市场对密码产品的需求不断扩大，密码编码与密码破译的对抗将进一步激化，密码又面临新的考验。

第五章　密码技术发展趋势

攻击方式与计算能力的进步和新型应用的出现一直是密码发展的两大动力。随着以量子计算为代表的新型计算技术和云计算、物联网、数字货币、大数据等为代表的新型应用模式的出现，密码将经历一次新的革命性发展。

第一节　量子计算与量子密码

人类文明诞生之后，科学家对计算能力的追求就从未停止，继机械计算和电子计算之后，当前计算能力处在又一次重大变革的前夜。目前，基于微观粒子特性的量子计算技术发展迅速，量子计算机即将从实验室走向实际应用。与之前所有计算方式不同，量子计算利用了微观粒子的独特物理性质，而之前所有的计算方式所基于的原理都属于宏观物理范畴。从宏观到微观的跨越所带来的计算能力提升非常类似于核武器相较于常规炸弹的威力提升，许多在电子计算机面前固若金汤的密码算法在量子计算机面前变得不堪一击。正如电子计算终结了机械密码时代一样，量子计算将对现代密码学产生革命性的影响。

一、量子计算

量子计算是指以光子、电子、原子等微观粒子为信息载体，基于量子力学规律进行的信息处理过程，其基本规律包括量子态相干性、量子态纠缠性、量子态叠加性、量子不可克隆原理等。量子计算机的概念最早由著名的物理学家理查德·费曼（Richard Feynman）于1982年提出，来源于对物理现象模拟方法的研究。由于电子计算机无法完美地模拟量子现象，费曼提出了基于量子系统构造量子计算机模拟量子现象的想法。1994年，彼得·秀尔（Peter Shor）提出了基于量子计算机的因子分解算法，威胁到了RSA算法的安全，这使得量子计算机的研究进入快速发展时期。

量子计算基于微观粒子的量子态叠加效应，可以对所有的状态进行并行计算。例如，一个4比特的量子寄存器可以同时表达0—15的所有16个数值，针对该寄存器的操作会同时作用到所有16个数值上。表面看来，这种指数级的并行处理能力能对任何计算困难问题进行暴力搜索求解。但量子计算的输出结果是叠加态，很难从中获取真正答案。目前只有秀尔算法能基于量子傅立叶变换提取出函数周期，可以破解现代公钥密码所依赖的因子分解问题和离散对数问题，对于其他无法归结为周期问题的困难问题，目前还无法得到多项式复杂度的求解算法。

值得说明的是，使用基础的秀尔算法攻击1024比特的RSA算法需要3×1024比特的量子计算机，而目前人类制造的比特数最多的量子计算机是IBM公司2017年5月17日公布的16比特量子计算机。对密码算法影响最致命的通用量子计算机尚未制造出来，但其原理已经得到验证，其出现时间只取决于技术进步情况。由于目前主流的公钥密码算法都是基于因子分解或离散对数问题，研制可以抵抗量子攻击的公钥密码算法（后量子密码算法）已经成为十分迫切的问题。为此，美国已经启动了后量子密码算法的征集工作。

需要特别指出的是，虽然加拿大的量子计算机制造公司D-Wave 已经制造并出售了一系列量子计算机，然而其制造的量子计算机并不能运行秀尔算法，因此不会对基于因子分解和离散对数的密码算法造成直接威胁。准确地讲，D-Wave 是一台量子退火机，即只能运行量子退火算法的机器，其基本原理和通用量子计算机不同，通用量子计算机基于量子态叠加特性实现强大的计算能力，而量子退火机基于量子隧穿效应模拟量子退火现象。目前，将因子分解问题转化为退火问题，然后使用 D-Wave 计算机进行求解的研究正在开展，目前只能做到对 18 比特的整数进行分解。

二、量子密码

量子技术除了可以用强大的并行计算能力攻击传统的密码算法之外，其独特的物理特性也可以用来设计新的密码算法和密码协议，学术界称之为量子密码。当前量子密码只有量子密钥分配协议的研究相对成熟，其他协议和算法尚在研究中。

最典型的量子密钥分配协议是 1984 年提出的 BB84 协议，该协议基于单光子实现通信双方的密钥协商。根据海森堡测不准原理，窃听者的任何测量动作都会对通信系统产生不可逆转的干扰。

因此,任何非法的窃听都会被合法的收发双方发现,从而保证了密钥分配协议的安全性。

量子计算提升了密码分析能力,但也加速了密码创新能力。基于量子计算构建完善的密码学体系是密码学发展的趋势之一。

第二节　后量子密码

后量子密码并不是量子密码的升级,其概念源自英文"Post-Quantum Cryptography",本义是指可以抵抗量子计算攻击的密码。

目前,有一些计算复杂性问题尚未找到高效的量子计算攻击方法,基于这些问题设计的密码被称为后量子密码,主要包括基于格的密码[1]、基于纠错码的密码[2]和基于多变量的密码[3]。

一、基于格的密码

作为一个数学概念,格的研究可以追溯到17世纪的约瑟夫·拉格朗日(Joseph Lagrange)和卡尔·F.高斯(C.F.Gauss)等著名数学家。格最早应用到密码学是作为一个分析工具出现的,即利用LLL格基归约算法来分析 Knapsack、RSA、NTRU 等密码算法。

格作为一种设计工具用于设计密码算法的研究始于1996年,但这些密码算法的密钥尺寸(Key Size)巨大,无法满足现实应用需求。2005年,格密码算法的研究取得了突破性进展,与第一代

---

[1]　基于格的密码:基于格上的最短向量、最近向量等困难问题设计的密码。

[2]　基于纠错码的密码:基于随机编码的译码困难问题设计的密码。

[3]　基于多变量的密码:基于多变量二次方程求解困难问题设计的密码。

格密码算法相比,密钥尺寸得到极大改善。目前,格密码已经成为最具吸引力的后量子密码算法之一。谷歌(Google)公司已经在其浏览器 Chrome 中测试了基于格的密钥交换算法。微软公司也公开了其开发的基于格的密钥交换算法的源代码,并分析了其经典安全性和量子安全性。

二、基于纠错码的密码

基于纠错码的密码的安全性依赖于随机线性码译码的困难性,该问题是一个数学困难问题。基于纠错码的密码的密钥尺寸较大,因此,未能像基于因子分解和离散对数的公钥密码那样被广泛使用。

基于 Goppa 码的 McEliece 公钥加密算法是最著名的基于纠错码的公钥密码算法,但其密钥尺寸太大使得效率很低。其后,人们尝试用其他纠错码来替换 Goppa 码,但很多都被攻破了。

三、基于多变量的密码

多变量密码系统的安全性建立在求解有限域上随机产生的非线性多变量多项式方程组的困难性之上,其优点在于运算都是在较小的有限域上实现,因此效率较高。其缺点是密钥尺寸较大,而且随着变量个数的增加及多项式次数的增加,密钥尺寸增长较快。

目前,公认的高效且安全的多变量密码体制不多,但该研究方向在密码分析方面产生了许多较好的研究成果,可广泛应用于分析对称密码算法。

第三节　密码技术发展新特点

除了抗量子计算攻击之外,下一代密码算法还面临应用环境变化带来的新需求。现代密码学主要解决开放互联网络"通信外包"带来的安全需求,而目前云计算、大数据等应用模式的新需求是"计算外包"带来的安全问题。这一变化影响了密码算法的功能模型和安全模型,是下一代密码算法面临的主要问题之一。

一、适应新应用需求的密码

(一) 密文计算

密文计算的含义是指无须解密直接对密文进行计算处理,达到与直接处理明文数据相同的效果。现代密码学的功能模型和安全模型的一个基本出发点是防范攻击者从信道发起攻击,即防范攻击者在信道上进行窃听、篡改、重放等攻击。基于这一模型设计的公钥加密、数字签名、密钥交换、身份认证等密码算法和协议很好地解决了如何在不安全的信道上实现安全通信的问题。

随着云计算、大数据等应用的出现,信息的安全需求已经从信道扩展到了终端,从传输扩展到了存储和处理。在云计算应用环境中,用户将数据的计算任务或存储任务外包给云服务器,又不想让服务器获得自己的数据。这一需求从功能上对密码算法提出了新的要求,即密码算法需要支持密文状态下的同态操作,使得云服务器可以在密文状态下对数据进行计算和处理,这就是同态密码。

大部分同态密码只支持在密文状态下对数据进行某些特定的计算和处理。能够支持任意计算和处理的全同态密码①自1978年被提出以来，一直是密码算法设计领域的公开难题，直到2009年密码学家才部分解决了这一难题。目前全同态密码的效率还无法达到实用化需求，高效实用的全同态密码算法设计是当前密码领域的研究热点之一。

（二）极限性能

随着信息技术应用环境的多样化，各种应用环境对密码算法的性能需求出现了分化，同一个密码算法越来越难以同时满足各种应用环境在时延、吞吐率、功耗、成本等方面不同的性能要求。

这些新的应用不要求密码算法同时满足所有的安全性和所有的性能指标，却对某些具体的性能指标有着苛刻的要求，例如依靠电池供电的弱终端对功耗要求严格，互联网金融在处理峰值交易时对密码算法的吞吐率有很高要求，工业控制系统对密码算法的时延有严格要求，射频识别（RFID）等应用对密码算法的硬件实现成本有较高要求。针对特殊应用环境，设计满足极限性能要求的密码算法，也是当前密码领域的研究热点之一。

二、抵抗新型攻击的密码

（一）抵抗密钥攻击

现代密码算法的基本设计准则是算法公开，安全性完全依赖于密钥的保密。根据这一设计准则，传统的密码算法设计在假定

---

① 全同态密码：支持对密文进行任意计算的密码。

密钥和随机数安全的情况下考虑算法的安全性，即将密码算法抽象为一个黑盒子，攻击者无法获得密钥和随机数的任何信息，只能通过设定的接口与密码算法进行交互。

然而，随着移动便携终端设备的流行，攻击者逐渐具备了通过侧信道、病毒等诸多手段获取密钥和随机数等信息，或者对密钥进行篡改的能力。因此，设计能够容忍密钥攻击的密码算法，以保证信息系统在入侵情况下的健壮性，这是密码理论和技术一个新的发展趋势。

（二）抵抗后门①攻击

现代密码算法设计理论的发展使得密码算法的强度得到了严谨的论证，很难直接破解。然而，所有密码算法的安全都依赖于高质量的随机数，如果随机数发生器②被植入后门，则所有的安全性论证都失去了基础。当前，如何使密码算法在随机数发生器被植入后门的情况下仍能安全工作，已经成为一个新的设计目标，这一类密码被称为"后斯诺登密码"。

---

① 后门：信息系统（包括计算机系统、嵌入式设备，如芯片、算法、密码部件等）中存在的非公开访问控制途径，可绕开信息系统合法访问控制体系，隐蔽地获取计算机系统远程控制权，或者加密系统的密钥或受保护信息的明文。
② 随机数发生器：用于生成计算不可预测比特序列的器件。

第三部分

商用密码管理

第六章　商用密码法律法规体系

依法对商用密码进行管理是党管密码和依法治国的有机统一。经过多年建设,我国已经形成了较为完善的商用密码法律法规体系。制定《密码法》、修订《商用密码管理条例》,将进一步提升商用密码管理的法治化、规范化和科学化水平。

第一节　现行商用密码法规体系

我国自1996年确立商用密码发展战略以来,逐步建立健全了商用密码管理法规和技术标准规范。经过二十多年的建设,已建立起以一部行政法规加多部专项管理规定(即"1+N")为主要内容的现行商用密码法规体系,如图6-1所示,其中,"一部行政法规"是指1999年国务院颁布施行的《商用密码管理条例》;"多部专项管理规定"是指由国家密码管理局和相关部委制定颁布的部门规章和规范性文件。国家密码管理部门根据管理工作需要,制定了商用密码标准规范,对现行商用密码法规体系的施行起到了积极的补充作用。

▲ **图 6-1 现行商用密码法规体系**

一、《商用密码管理条例》

1999 年 10 月 7 日,国务院发布第 273 号令,颁布施行《商用密码管理条例》,这是我国密码领域的第一部行政法规。《商用密码管理条例》首次以国家行政法规形式明确了商用密码的定义、商用密码的管理机构和管理体制,同时对商用密码科研、生产、销售、使用、安全保密等方面作出了规定。《商用密码管理条例》的颁布施行,是党和国家密码工作历史上一件具有里程碑意义的大事,极大地推动了我国商用密码在信息安全领域应用从无到有、从初创到规范管理的发展。我国的密码应用从此开始走向社会,并孕育出一个新的产业——商用密码产业。在党和国家全面依法治国、建设社会主义法治国家的战略背景下,商用密码的生产、使用和管理从此走上有法可依的轨道,有力地保障了我国商用密码事业的健康发展,促进了商用密码更好地服务于国家经济建设和社会主义现代化事业。

二、专项管理规定

根据《商用密码管理条例》确立的管理内容和管理规则,结合商用密码管理实际,国家密码管理局制定颁布了《商用密码科研管理规定》《商用密码产品生产管理规定》《商用密码产品销售管理规定》《商用密码产品使用管理规定》《境外组织和个人在华使用密码产品管理办法》《电子认证服务密码管理办法》《信息安全等级保护商用密码管理办法》《含有密码技术的信息产品政府采购规定》等多部专项管理规定。这些专项管理规定的颁布施行,进一步细化了相关商用密码管理事项的程序、条件和期限要求,为商用密码管理人员、从业单位和广大用户依法从事商用密码活动提供了明确具体的行为依据。

随着国务院"放管服"改革的持续深入,一些商用密码行政审批事项取消,相关专项管理规定也将清理废止。2017 年 9 月 29 日,国务院决定取消商用密码产品生产单位审批和销售单位许可等行政许可事项。取消行政许可后,国家密码管理局将进一步加强事中事后监管。一是从管企业改为重点管产品,加强密码产品的标准规范和检测认证体系建设,强化商用密码产品许可审批,未经许可不准进入市场销售,严把密码产品市场准入关口。二是强化市场监管措施,加大商用密码产品"双随机、一公开"抽查力度。三是建立信用体系,实行"黑名单"制度,加强社会监督,对违法违规行为加大处罚力度,充分发挥行业组织作用。

第二节 商用密码法律法规体系建设进程

随着我国经济社会的飞速发展和改革的不断深化,特别是商用密码在社会各个领域的普及应用,现行商用密码法规与新形势下商用密码发展和管理不相适应的问题日渐突出。为确保新形势下党对密码工作的新要求通过法定程序上升为国家意志,切实把密码管好用好,把密码的重要作用发挥好,更好地服务党和国家工作大局,在中央密码工作领导机构的直接领导下,国家密码管理局加强统筹规划,抓好密码管理的顶层设计,积极推进《密码法》立法和《商用密码管理条例》修订等密码法治建设工作,为完善商用密码法律法规体系打下了坚实基础。

一、《密码法》立法

党中央、国务院高度重视密码立法工作,国务院立法工作计划将《密码法》确定为全面深化改革急需项目。为规范密码应用和管理,促进密码发展,更好地维护国家网络与信息安全,按照中央有关决策部署,国家密码管理局组织起草了密码法草案,按照国家立法的有关程序,以《密码法(草案征求意见稿)》的形式向社会公开征求了意见,目前正在加快推进立法进程。

《密码法》的立法宗旨是规范密码应用和管理,保障网络与信息安全,保护公民、法人和其他组织的合法权益,维护国家安全和利益。立法的主要原则是:坚持党对密码工作的领导;坚持依法管理,全面推进密码法治建设,完善密码法律法规体系;坚持总体国家安全观,规范和促进密码应用,切实维护国家网络与信息安全;规范密码市场秩序,鼓励密码科技进步和创新,构建良好环境,促进密码事业科学发展;坚持问题导向,重点解决密码工作各领域带有普遍性的问题和亟待填补法律空白的问题。

《密码法(草案征求意见稿)》明确了立法宗旨、密码的定义、密码工作的基本原则、密码工作的领导和管理体制,规定了密码分类管理、密码应用、密码安全、密码发展促进、密码监督管理的有关要求和制度措施,以及违反本法规定应当承担的法律责任。其中,《密码法(草案征求意见稿)》首次明确了县级以上地方各级密码管理部门的行政管理职能、密码相关服务机构的许可制度、关键信息基础设施的密码使用要求,以及推进密码检测认证体系建设等内容。

《密码法》是密码领域的综合性、基础性法律,比《商用密码管理条例》立法程序更严、效力位阶更高、适用范围更广。《密码法》颁布实施,必将使商用密码法律法规体系更加系统完善,为商用密码规范化管理提供强有力的法治保障。

二、《商用密码管理条例》修订

为了贯彻国家推进依法行政的各项要求,深化商用密码领域"放管服"改革,落实《密码法》确立的商用密码工作新思路、新举措,国家密码管理局正在组织修订《商用密码管理条例》,应对和解决商用密码发展过程中遇到的新情况、新问题。

《商用密码管理条例》修订工作坚持三条原则：一是坚持依法管理，清晰界定商用密码管理职权和范围，合理设置管理环节和程序，从制度层面落实国家依法行政、深化"放管服"改革的要求。二是把满足社会需求、推进密码应用、促进经济发展放在重要位置，同时严格管理措施，防范商用密码非法应用。三是制度设计坚持立足当前、着眼长远，充分考虑可能出现的新情况，为未来发展预留必要空间，保持管理政策的连贯性和稳定性。

三、部门规章制定

《密码法（草案征求意见稿）》赋权国家密码管理部门依照法律、行政法规制定部门规章。根据《密码法》和修订后的《商用密码管理条例》的立法思路，国家密码管理局正着手制定商用密码管理方面的规章，包括技术与标准化、产品与服务、进出口管理、密码应用与安全性评估、检测与认证、事中事后监管等。

第七章 商用密码管理体制机制

党中央、国务院高度重视商用密码发展与管理工作,确立了商用密码管理原则,明确了商用密码管理体制机制,为商用密码发展和管理提供了重要保障。

第一节 商用密码行政管理体制

1996 年,中共中央政治局常委会议研究决定在我国大力发展商用密码和加强对商用密码的管理。1999 年,国务院颁布《商用密码管理条例》,将党中央、国务院关于商用密码工作的一系列方针、政策和原则以国家行政法规的形式确定下来,规定国家密码管理委员会及其办公室主管全国的商用密码管理工作。2002 年,中央机构编制委员会批准国家密码管理委员会办公室下设商用密码管理办公室。2005 年,国家密码管理委员会办公室更名为国家密码管理局。2008 年,国家密码管理局列入部委管理的国家局。

商用密码管理以党管密码为根本原则,以依法管理、保障安全、创新发展、服务大局为基本遵循,以商用密码科研管理、产品与服务管理、应用管理、监督检查为基本抓手,逐步形成了统一领导、分级负责的管理体制。中央密码工作领导机构统一领导全国密码工作,省部密码工作领导机构领导本地区、本部门(系统)的密码工作。国家密码管理局主管全国的密码工作;各省(自治区、直辖市)密码管理机构受国家密码管理局委托,负责本辖区内的商用密码管理工作;中央和国家机关有关部门负责密码管理的机构在其职责范围内负责本部门(系统)的密码工作。

国家密码管理局商用密码管理工作的主要职责是:负责草拟商用密码管理政策法规,拟定商用密码发展规划和商用密码具体管理规定,指导各省(自治区、直辖市)、中央和国家机关有关部门的商用密码管理工作;负责商用密码技术、重大项目、科研成果与奖励、密码基金、国家电子认证根 CA 的管理工作,组织商用密码重大项目实施、科研成果审查鉴定;负责密码行业标准管理工作,对口联系密码行业标准化技术委员会和全国信息安全标准化技术委员会密码工作组;负责商用密码产品、服务、检测(测评)、电子认证服务使用密码许可的审批,以及电子政务电子认证服务机构资质认定和管理等工作;负责商用密码应用推进、宣传培训、试点示范、安全性评估等工作;负责组织实施商用密码监督检查和执法工作,依法开展商用密码事中事后监管,受理投诉举报,组织查处和督办商用密码违法违规案件,承办商用密码监督执法协作机制联席会议办公室日常工作;负责商用密码政务公开,组织拟定涉外答复口径;负责商用密码算法、产品和密码系统检测及认证工作;负责指导全国学术性密码研究,管理有关密码理论研究项目。

目前,各省(自治区、直辖市)密码管理局均已设立商用密码管理机构,或者明确商用密码管理部门,部分地市级、县级密码管理机构指定专人负责商用密码管理工作。《密码法》和修订的《商用密码管理条例》颁布实行后,商用密码管理体制将更加科学合理,中央、省、市、县四级商用密码行政管理体系也将随之建成。

第二节　商用密码科研管理

商用密码科学技术是我国商用密码事业蓬勃发展的重要基础。加强商用密码科研管理,既是商用密码管理的重要内容,也是提高商用密码发展水平的重要前提。商用密码科研管理坚持规范性和创新性并重的原则,形成了商用密码科研成果审查鉴定和商用密码科技创新激励等机制。

一、商用密码科研成果审查鉴定

1999 年,《商用密码管理条例》明确了商用密码科研成果审查鉴定制度。2005 年,国家密码管理局发布《商用密码科研管理规定》,对商用密码科研成果研制、审查鉴定程序及形式、推广应用、保密措施等作出了明确规定。商用密码科研成果审查鉴定对象主要包括商用密码算法、协议、密钥管理方案等密码科研成果。通过国家密码管理局验收的商用密码科研项目成果方可投入应用。

二、商用密码科技发展

国家支持密码科学技术研究,推动密码产业发展,鼓励密码学术研究和交流,依法保护密码知识产权,促进商用密码科学技术进步和创新。

国家设立密码发展基金理论研究课题(以下简称"密码基金"),面向社会公开申报,鼓励社会力量参与商用密码理论研究。密码基金的评选重点考察申报课题的方向、价值、创新性、技术可行性和申报团队的总体科研能力,并统筹兼顾支持课题的整体覆盖面,保证评审的客观、公正、全面。"十一五"以来,密码基金累计支持课题 156 个,涵盖了分组密码、序列密码及密码函数、公钥及杂凑算法、量子及抗量子密码、新型密码算法、密码协议、新技术及新应用、密钥管理、密码实现、密码分析测评等多个方面,多个课题成果达到了国际先进或国内领先水平,有力促进了我国商用密码基础理论研究、技术转化和产业应用。

第三节　商用密码产品管理

为保证商用密码产品质量安全和密码服务质量安全,确保密码使用安全和可靠稳定,促进商用密码健康、有序和可持续发展,国家密码管理局依法对商用密码产品生产和进出口等实施准入管理。

一、商用密码产品生产管理

为规范商用密码产品生产活动,保证商用密码产品质量安全,国家对商用密码产品实行品种和型号审批制度。2005 年,国家密码管理局发布《商用密码产品生产管理规定》,进一步明确商用密码产品生产条件、所采用的密码算法、品种和型号申请审批程序，以及有关安全性审查、密码检测等要求。商用密码产品应当符合相关密码标准规范，所采用的密码算法应当是国家密码管理局认可的算法。商用密码产品通过安全性审查后，由国家密码管理局颁发产品品种和型号证书。未取得商用密码产品品种和型号证书的产品，不得在市场上销售或在经营活动中使用。

二、密码进出口管理

密码进出口管理是商用密码管理的重要组成部分，国家对商用密码实施进出口许可制度。商用密码进出口管理清单由国务院商务主管部门会同国家密码管理部门和海关总署制定并公布。《商用密码管理条例》规定，进口密码产品以及含有密码技术的设备或者出口商用密码产品，必须报经国家密码管理机构批准。2009 年，国家密码管理局和海关总署联合发布《密码产品和含有密码技术的设备进口管理目录》公告，对列入目录的商用密码产品和含有密码技术的设备进口进行许可管理。2013 年，国家密码管理局和海关总署对进口管理目录进行了调整，进一步明确了商用密码产品进口管制清单。

第四节　商用密码使用管理

国家积极规范和促进商用密码应用，是保障重要领域网络信息安全的迫切需求。随着商用密码应用向纵深推进，商用密码应用规范化管理愈发显得重要和迫切。

一、商用密码使用管理要求

《商用密码管理条例》《商用密码产品使用管理规定》等明确了中国公民和法人、境外组织和个人可以依法购买和使用密码产品,并规定了具体的使用管理要求。同时,《信息安全等级保护商用密码管理办法》对信息安全等级保护中商用密码的管理和使用提出了要求,即由国家密码管理部门对第三级及以上信息系统使用商用密码的情况进行检查。

二、商用密码应用推进

为推进商用密码在更广泛领域的应用,国家先后组织开展了多项试点示范工程,分别于 2014 年和 2016 年在银行业开展了两批试点,共有 93 家金融机构参与。通过两批应用试点示范,不仅实现了商用密码在银行业的广泛应用,也进一步验证了 SM 系列密码算法以及相关密码产品的安全性、可靠性、稳定性。在金融领域试点的基础上,继续在重要领域开展试点项目,推进商用密码在重要领域的全面应用。

三、依法规范商用密码应用

为适应商用密码应用的发展需要,按照依法治国和依法行政的有关要求,商用密码使用由行政推进向依法规范应用转变。《网络安全法》对应用密码保障关键信息基础设施作出了明确规定。《密码法》的制定、《商用密码管理条例》的修订,以及《网络安全等级保护条例》《关键信息基础设施安全保护条例》等配套法规的出台,将为依法规范商用密码应用提供坚实的法律基础。

第五节　商用密码监督检查

按照国务院深化"放管服"改革、加强事中事后监管的要求,密码管理部门积极开展商用密码监督检查,为有效预防与纠正违法行为、维护管理秩序奠定了坚实基础。

一、商用密码市场监管

密码管理部门依法开展商用密码市场监管工作,有效指导从业单位和用户单位依法依规从事商用密码活动,防范安全风险,维护国家网络与信息安全。根据国务院要求,国家密码管理局制定《商用密码管理推广随机抽查实施方案》和《商用密码随机抽查事项清单》、商用密码随机抽查事项名录库和随机抽查人员名录库、《商用密码随机抽查办法》等,各级密码管理部门按照"一单、两库、一办法"积极对商用密码行政许可事项开展"双随机、一公开"随机抽查工作,不断加大商用密码市场监管力度。同时,密码管理部门还对商用密码行政许可之外的其他管理事项依法开展日常监管。

二、商用密码行政执法

密码管理部门依法开展商用密码行政执法工作,有效惩戒并纠正违法行为,保护公民、法人和其他组织的合法权益,营造公平和谐、竞争有序的商用密码市场环境。国家密码管理局承担商用密码行政执法协作联席会议办公室职责,会同网信、工信、公安、国家安全、商务、海关、工商、质检等执法协作单位,积极开展商用密码监督管理和行政执法工作,建立失信企业联合惩戒和守信企业联合激励制度。同时,各级密码管理部门还受理投诉举报,组织调查处理商用密码违法违规案件,及时纠正违法行为,净化市场环境。

第六节　商用密码检测认证体系

建立商用密码检测认证体系,是落实《密码法》立法精神、深化商用密码行政审批制度改革的重要内容,是依法管理密码、规范和促进密码应用、加强密码监管、增强密码安全保障能力的重要支撑。

一、商用密码检测认证体系现状

《商用密码管理条例》规定:"商用密码产品,必须经国家密码管理机构指定的产品质量检测机构检测合格。"2001年,国家开始开展商用密码产品质量检测试点工作。经过十多年的发展,商用密码检测能力显著提升,检测体系逐步形成,检测范围包括商用密码产品检测、含有密码技术的产品密码检测、信息安全产品认证密码检测、商用密码行政执法密码鉴定等产品密码检测,以及信息安全等级保护商用密码测评(信息系统商用密码测评)、重要网络信息系统商用密码现场检查等。与此同时,积极探索构建商用密码认证体系。

二、商用密码检测认证体系建设

《密码法(草案征求意见稿)》提出推进密码检测认证体系建设,制定密码检测、认证规则。密码检测、认证机构应当依法取得相关资质,并依照法律、法规的规定和密码检测、认证规则开展密码检测、认证。要求对关键信息基础设施的密码应用安全性开展分类分级评估。《网络安全法》也明确规定关键信息基础设施运营者每年要自行或者委托第三方机构对信息系统安全性进行测评。密码应用安全性是测评的一项重要内容,应遵循密码法律法规要求。中央有关文件明确提出要加强密码检测能力建设,健全密码检测认证体系。

根据法律法规要求,结合商用密码发展实际,积极构建"1+M+N"的商用密码检测认证体系,即:设立1家商用密码认证机构(以下简称"认证机构")、M家商用密码产品检测机构(以下简称"检测机构")和N家商用密码应用安全性测评机构(以下简称"测评机构")。

认证机构是认证服务的提供者,对检测机构、测评机构实施指导监督。检测机构主要负责密码算法、密码产品、含密产品等方面的检测任务。测评机构负责对关键信息基础设施密码应用的合规性、正确性和有效性进行测评。国家商用密码认证机构、检测机构和测评机构,在国家密码管理局、国家认证认可监督管理委员会等部门的监督管理下,依据检测、认证规则,合理、有序、高效开展认证、检测与测评业务。

2017年,国家密码管理局已陆续开展检测机构、测评机构的布局和培育工作,检测认证体系建设将进一步促进密码的合规、正确、有效使用,进一步促进商用密码市场健康有序发展。商用密码检测认证体系初步的框架如图7-1所示。

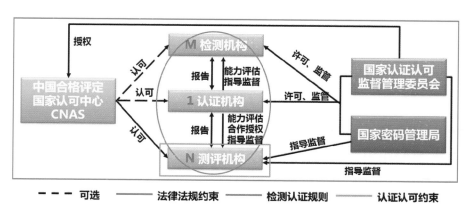

▲ 图7-1　商用密码检测认证体系

第八章　密码标准规范

密码标准主要是为统一密码技术、密码产品、密码管理和密码检测等制定的标准。科学的密码标准体系不仅是促进密码产业发展、保障密码产品质量、规范密码技术应用的重要保障，也是加强密码管理的重要手段。推进商用密码标准国际化，是适应我国密码事业发展需要、建设密码强国的重要举措。

第一节　密码行业标准化组织及标准体系

一、密码行业标准化组织

密码行业标准化技术委员会成立于 2011 年 10 月，是经国家标准化管理委员会和国家密码管理局批准的我国密码行业唯一标准化组织。截至 2017 年 8 月，密码行业标准化技术委员会共有委员 147 人，顾问 9 人，下设秘书处和总体、基础、应用、测评四个工作组，共有成员单位 253 家，包括会员单位 220 家、观察员单位 33 家。

受国家密码管理局委托,密码行业标准化技术委员会承担以下工作:提出密码行业标准规划和年度标准制修订计划的建议;组织密码行业标准的编写、审查、复审等工作;组织密码领域国家和行业标准的宣传贯彻,推荐密码领域标准化成果申报密码科技进步奖励或向国家标准化管理委员会提出项目奖励建议。此外,受国家标准化管理委员会委托,还负责对相关国际标准文件进行表决,审查我国提案,并组织开展相关国际技术交流和合作。

二、密码行业标准体系

(一) 密码行业标准体系构成

密码标准包括密码国际标准、密码国家标准、密码行业标准、密码地方标准、密码企业标准和密码团体标准等。其中,密码行业标准体系由四类标准组成,即基础类标准、应用类标准、检测类标准和管理类标准,如图8-1所示。这四类标准既可以支撑密码产品研制、密码应用和密码管理,也可以支撑其他行业用户构建本行业密码应用标准。

1. 基础类标准

基础类标准为密码应用、密码服务、密码检测和密码管理提供底层支撑。基础类标准不仅包含密码算法、密码术语、密码协议等用于构建商用密码标准体系的基本元素,也包括密码模块、密码设备等密码基础产品的规范要求。基础类标准在密码行业内可以直接应用,也可以为其他行业密码应用、标准制定提供依据,具有普遍的指导意义。基础类标准包括四个子类标准:密码术语/密码标识子类标准、密码算法及使用子类标准、密码协议子类标准、密码

▲ **图 8-1 密码行业标准体系**

产品子类标准。

2. 应用类标准

应用类标准用于规范在不同安全目标、不同应用场景、不同业务应用系统下的密码应用和密码服务,确保完成特定密码功能以及功能实现的合规性。为保证信息交换安全,大部分信息系统都需要密码应用标准的支持。应用类标准包括两个子类标准:密码服务子类标准、行业密码应用子类标准。

3. 检测类标准

检测类标准是对密码算法、密码产品及密码系统的合规性、可操作性、安全性、可用性、可靠性进行评估和检测的标准。检测类标准主要保障密码算法功能、密码服务、密码产品等的正确性、合规性。检测类标准包括三个子类标准：密码算法检测子类标准、密码产品检测子类标准、密码系统测评子类标准。

4. 管理类标准

管理类标准是保障密码算法、产品、系统、服务和应用安全的非技术标准，即对密码行业中需要协调统一的管理事项所制定的标准。管理类标准包括四个子类标准：密码产品管理子类标准、密码检测机构能力和质量管理子类标准、密码服务机构能力和质量管理子类标准、运维管理子类标准。

（二）四类标准之间的关系

如图 8-2 所示，基础类标准、应用类标准、检测类标准和管理类标准相互之间具有紧密的联系。其中，基础类标准为其他三类标准提供底层、共性支撑（如算法、术语、密码协议、密码产品等）；检测类标准为基础类标准和应用类标准提供合规性检测功能，保障密码使用的合规性；管理类标准为基础类标准、应用类标准和检测类标准提供管理功能；应用类标准为上层具体密码应用和密码服务提供支撑。

▲ 图 8-2 四类标准之间的关系

第二节　密码标准的国际化

一、密码国际标准化组织简介

国际标准化组织(ISO)、国际电工委员会(IEC)和国际电信联盟(ITU)是全球范围公认的三大国际标准化组织。在信息技术方面,ISO 与 IEC 共同成立了联合技术委员会(JTC1)负责制定信息技术领域中的国际标准。国际标准化组织信息安全分技术委员会(ISO/IEC JTC1 SC27)是 JTC1 下专门从事信息安全标准化的分技术委员会,也是信息安全领域中最具代表性的国际标准化组织。ISO/IEC JTC1 SC27 共有六个工作组,如表 8-1 所示。其中,密码相关的标准由第二工作组(WG2)负责。

表 8-1　ISO/IEC JTC1 SC27 工作组

分技术委员/工作组	工作范围
ISO/IEC JTC1 SC27/SWG-T	横向的项目
ISO/IEC JTC1 SC27/WG1	信息安全管理系统
ISO/IEC JTC1 SC27/WG2	密码学和安全机制
ISO/IEC JTC1 SC27/WG3	安全评估、测试和规范
ISO/IEC JTC1 SC27/WG4	安全控制和服务
ISO/IEC JTC1 SC27/WG5	身份管理和隐私保护技术

二、密码标准国际化意义

伴随全球化进程的加快,标准国际化正成为国际竞争的重要形式。世界各国高度重视密码标准化工作,一直在积极制定和发布大量密码技术标准,并努力使其成为国际标准。

我国是世界大国,推进密码标准国际化具有重大而深远的意义。一是通过密码标准国际化提升国际话语权。推进密码标准国际化,有利于扩大我国密码技术、标准、产品的全球影响力,进而提升我国在国际密码领域的话语权。二是通过密码标准国际化增强密码产业的国际竞争力。推进密码标准国际化,有利于扩大我国密码在国际市场的应用范围,进而增强我国密码产业在国际上的核心竞争力。

三、我国密码标准国际化进程

密码算法标准是密码标准的基石。我国密码标准国际化的主要任务是推进商用密码算法成为国际标准。经过多年努力,我国密码标准国际化工作取得了一定突破。

(一) SM 系列密码算法在 ISO/IEC JTC1 的推进

1. SM3 算法推进进展

《散列函数　第 3 部分:专用散列函数》(ISO/IEC 10118-3):2004 年版本中主要包括 SHA-1、RIPEMD-160/128、WHIRLPOOL、SHA-256/512/384 等算法。随着 SHA-1 被我国学者提出的理论破解,加之 RIPEMD-160/128 等算法存在缺陷等原因,原有算法不再适用于数字签名等应用。2014 年,WG2 工作组启动了对原有标准的修订工作。在修订稿第二轮工作组草案征求意见时,我国提出了纳入 SM3 算法的建议。2015 年 5 月,ISO/IEC JTC1 SC27 工作组会议马来西亚古晋会议上,我国专家作了提案报告,推动该提案列入研究项目。2017 年 4 月,SC27 新西兰哈密尔顿会议上,包含 SM3 算法的 ISO/IEC 10118 – 3 进入最终国际标准草案(FDIS)阶段。[①]

2. SM2 算法推进进展

《带附录的数字签名　第 3 部分:基于离散对数的机制》(ISO/IEC 14888 – 3):2006 年版本中包括 DSA、KDSA、SDSA 等算法,于 2013 年启动修订。在该标准第一版委员会草案征求意见时,我国提出该标准已有算法在抗密钥替换攻击方面存在不足,并提议将我国的 SM2 算法、SM9 算法纳入标准中。ISO 会议决定将 SM2 算法以补篇形式纳入该标准,我国专家担任该项目的联合编辑。2017 年 4 月哈密尔顿会议上,包含 SM2 算法和 SM9 算法的 ISO/IEC 14888 – 3 进入补篇项目国际标准草案阶段。

3. SM9 算法推进进展

SM9 算法与 SM2 算法对应同一个标准,2015 年 5 月古晋会议上,SM9 算法和 SM2 算法共同被列为一个研究项目。2017 年 4 月哈密尔顿会议上,包含 SM9 算法的 ISO/IEC 14888 – 3 补篇项目已经进入国际标准草案阶段。

4. SM4 算法推进进展

《加密算法　第 3 部分:分组密码》(ISO/IEC 18033 – 3)包括 64 位分组密码算法(TDEA、MISTY1、CAST – 128、HIGHT)和 128 位分组密码算法(AES、Camellia、SEED)。2016 年 9 月,我国针对研究项目" Inclusion of the block cipher Kuznyechik in ISO/IEC

---

① ISO/IEC 标准化工作大致分为研究阶段 SP、立项研究 NP、工作组草案 WD、委员会草案 CD、国际标准草案 DIS、最终国际标准草案 FDIS,通过后发布为国际标准 IS。

18033-3"，提出了将 SM4 算法纳入 ISO/IEC 18033-3 的提案，并提供了相关论证材料。2016 年 10 月阿布扎比会议期间，我国专家作了提案报告，推动该提案列入研究项目。2017 年 4 月哈密尔顿会议上，SM4 算法以补篇形式纳入该标准，已经进入第一轮工作组草案阶段，我国专家担任该项目的编辑。

（二）ZUC 算法在 3GPP 中的推进

3GPP 是 3G 技术规范机构，最初旨在研究制定并推广 GSM 为核心网络。后来，3GPP 扩大范围开发维护了一系列通信技术标准，包括 GSM 和相关 2G、3G 以及 LTE 和相关 4G 标准等。2009 年 6 月 24 日，经国家密码管理局、工业和信息化部科技司批准，成立了 LTE 密码算法国际标准联合推进工作组，推进我国商用密码算法 ZUC 在 3GPP 的应用。2009 年 6 月召开的系统架构组第 44 次全体会议（SA#44）上，ZUC 算法成功通过了 SA 全体会议立项。2011 年 9 月 20 日，ZUC 算法在日本福冈召开的系统架构组第 53 次全体会议（SA#53）上顺利通过审议，被采纳为 LTE 国际标准，用于实现新一代宽带无线移动通信系统的无线信道加密和完整性保护。2016 年 11 月，国家密码管理局、工业和信息化部在北京联合召开商用密码算法在 5G 标准体系中应用推进启动会，启动了 5G 中我国商用密码算法标准化工作。

第四部分

商用密码应用

第九章 商用密码应用政策法规要求

党和国家历来高度重视密码工作,始终将其作为维护国家安全和根本利益的一项基础性工作。在金融和重要领域推进密码应用,是深入贯彻落实习近平总书记重要批示精神、顺应全球信息化发展趋势、维护国家网络和信息安全而采取的一项重大战略举措。

第一节 中央有关政策法规要求

为适应我国国家安全面临的新形势,发挥密码在保障网络和信息安全中的核心支撑作用,我国在多部法律法规和政策文件中明确了商用密码应用的政策要求。

一、法律法规要求

(一)《网络安全法》

《网络安全法》第十条:"建设、运营网络或者通过网络提供服务,应当依照法律、行政法规的规定和国家标准的强制性要求,采取技术措施和其他必要措施,保障网络安全、稳定运行,有效应对网络安全事件,防范网络违法犯罪活动,维护网络数据的完整性、保密性和可用性。"《网络安全法》第二十一条:"采取数据分类、重要数据备份和加密等措施。"可以说,《网络安全法》对网络运营者应该履行的安全保护义务提出了明确要求,维护网络数据完整性、保密性和可用性,以及加密措施的实施,都需要发挥密码技术的核心支撑作用。

(二)《密码法(草案征求意见稿)》

《密码法(草案征求意见稿)》按照中央确定的密码管理原则和应用政策,规定了密码应用的主要制度和要求。一是强调国家积极规范和促进密码应用,提升使用密码保障网络与信息安全的水平,保护公民、法人和其他组织依法使用密码的权利。二是规定商用密码产品、服务行政许可制度,对销售或者在经营活动中使用的商用密码产品,以及从事商用密码服务的机构实施许可。商用密码产品、服务管理目录由国家密码管理部门制定并公布。三是明确关键信息基础设施密码使用要求,规定关键信息基础设施应当依照法律、法规的规定和密码相关国家强制性标准的要求使用密码进行保护,同步规划、同步建设、同步运行密码保障系统。四是建立密码应用安全性评估审查机制,规定国家对关键信息基础设施的密码应用安全性进行分类分级评估,按照国家安全审查的要求对影响或者可能影响国家安全的密码产品、密码相关服务和密码保障系统进行安全审查。五是规定国家密码管理部门对采用密码技术从事电子政务电子认证服务的机构进行认定。

(三)《商用密码管理条例》

《商用密码管理条例》规定国家对商用密码产品的研发、生产、销售和使用实行专控管理,规定"商用密码产品,必须经国家密码管理机构指定的产品质量检测机构检测合格","任何单位或个人只能使用经国家密码管理机构认可的商用密码产品,不得使用自行研制的或者境外生产的密码产品"等。《商用密码管理条例》自实施以来,在规范密码管理、促进密码发展、推进信息化建设、保障信息安全等方面发挥了重要作用。

为落实《密码法》有关立法精神,国家密码管理部门正在组织修订《商用密码管理条例》。在修订过程中,充分体现国家"放管服"改革要求,取消了对科研、生产、销售单位等的行政许可事项,强化了密码应用要求,突出对关键信息基础设施以及网络安全等级保护第三级及以上信息系统的密码应用监管,并实施商用密码应用安全性评估和安全审查制度。

（四）《信息安全等级保护商用密码管理办法》

《信息安全等级保护商用密码管理办法》规定:"信息安全等级保护中使用的商用密码产品,应当是国家密码管理局准予销售的产品","信息安全等级保护中第二级及以上的信息系统使用商用密码产品应当备案,填写《信息安全等级保护商用密码产品备案表》","国家密码管理局和省、自治区、直辖市密码管理机构对第三级及以上信息系统使用商用密码的情况进行检查",明确了商用密码产品的使用要求和各级密码管理部门的监管要求。为配合《信息安全等级保护商用密码管理办法》的实施,进一步规范信息安全等级保护商用密码工作,国家密码管理局印发《信息安全等级保护商用密码管理办法实施意见》,规定"第三级及以上信息系统的商用密码应用系统建设方案应当通过密码管理部门组织的评审后方可实施"，"第三级及以上信息系统的商用密码应用系统，应当通过国家密码管理部门指定测评机构的密码测评后方可投入运行。密码测评包括资料审查、系统分析、现场测评、综合评估等"，这些制度均明确了信息安全等级保护第三级及以上信息系统的商用密码应用要求。

（五）《电子认证服务密码管理办法》

《电子认证服务密码管理办法》主要规定面向社会公众提供电子认证服务应当使用商用密码，明确了申请电子认证服务使用密码许可应当具备的基本条件和程序，对电子认证服务系统的运行和技术改造等作出了规定。同时，要求电子认证服务系统要由具有商用密码产品生产资质的单位，按照 GM/T 0034-2014《基于 SM2 密码算法的证书认证系统密码及其相关安全技术规范》的要求承建，并通过国家密码管理局组织的安全性审查。

（六）其他正在制定和修订的法律法规

为落实《网络安全法》，国家密码管理部门正配合中央网信办起草《关键信息基础设施安全保护条例》，配合公安部起草《网络安全等级保护条例》，这两部行政法规都将对密码应用作出规定。

二、政策要求

为增强金融和重要领域网络与信息系统的安全风险防控能力，中央成立专项工作组，加强金融和重要领域密码应用工作，出台了一系列关于密码应用的政策文件。

（一）金融领域密码应用政策要求

2014 年，国务院办公厅印发金融领域密码应用指导意见，明确了加强金融领域密码应用的指导思想和工作目标,提出了工作任务和保障措施。

该指导意见要求,要充分认识金融领域密码应用面临的安全风险,切实增强金融信息系统的安全保障能力,推广应用符合国家密码管理政策和标准规范的密码算法、技术和产品,率先在金融IC 卡、网上银行、移动支付、网上证券、电子保单等重点业务实现重点突破,力争到 2020 年实现全面应用,并提出加快产业升级改造、强化基础设施支撑、稳步推进密码应用、加大宣传培训力度和积极开展标准国际化工作等五项重要任务。

金融安全是国家安全的重要组成部分,是经济平稳健康发展的重要基础。维护金融安全,是关系我国经济社会发展全局的一件战略性、根本性的大事。2017 年全国金融工作会议提出,要加强金融基础设施的统筹监管和互联互通,推进金融业综合统计和监管信息共享。这些都对金融领域密码应用提出了更高要求。

（二）重要领域密码应用政策要求

2015 年,中共中央办公厅、国务院办公厅要求加强重要领域密码应用,对于新建网络和信息系统,应当采用符合国家密码管理政策和标准规范的密码进行保护,做到同步规划、同步建设、同步运行、定期评估;对于已建网络和信息系统,应当进行密码应用升级改造;同时具体提出了六个方面的工作任务。

在推进基础信息网络密码应用方面,明确提出电信网、广播电视网、互联网等基础信息网络,要将密码应用纳入信息化建设整体规划。要建设条件接收、数字版权保护和授权管理密码应用安全体系。要完善电信网络语音和数据加密密码应用安全体系。要建立应急广播电视通信密码应用安全系统。要实现互联网域名注册和解析、数据中心、电子交易、社交网络等信息服务和平台的网络用户身份识别和隐私保护,规范互联网电子认证服务密码应用。要推进密码在物联网、移动互联网中的身份识别、安全接入、安全定位和信息保护等方面的应用。

在规范重要信息系统密码应用方面,明确提出能源、教育、公安、社保、测绘地理信息、环保、交通、卫生计生、金融等涉及国计民生和基础信息资源的重要信息系统,要将密码应用纳入信息化建设整体规划,建立健全密码应用标准体系,统筹推动与金融服务相关领域的密码应用标准建设,逐步实现基于密码的安全体系跨领域应用。要建立健全基于密码的身份认证、访问控制、数据保护、可信服务、安全审计等安全防护措施。

在促进重要工业控制系统密码应用方面,明确提出核设施、航空航天、先进制造、石油石化、油气管网、电力系统、交通运输、水利枢纽、城市设施等重要工业控制系统,要将密码应用纳入信息化建设整体规划,实现密码在数据采集与监控、分布式控制系统、过程控制系统、可编程逻辑控制器等工业控制系统中的深度应用,充分发挥密码在系统资源访问控制、数据存储、数据传输、可视化控制、安全审计等方面的支撑作用,建立基于密码的安全生产、调度管理等安全体系。

在加强面向社会服务的政务信息系统密码应用方面,明确要求党政机关和使用财政性资金的事业单位、团体组织使用的面向社会服务的信息系统,要加快推进基于密码的网络信任、安全管理和运行监管体系建设。要规范密码在电子文件、电子证照、电子印章、身份认证、电子签名、数据存储和传输等方面的应用,实现面向社会服务的政务信息系统安全可靠运行。

在提升密码基础支撑能力方面,明确要求建设完善密码基础技术、应用技术、标准规范和检测评估体系。要加强面向云计算、物联网、大数据、移动互联网和智慧城市等新方向的密码应用技术研究,促进密码技术与新技术的融合与发展。要加强关键、基础、高性能密码产品,以及基于密码的安全芯片、操作系统、数据库、中间件等相关基础软硬件产品的研制,推进我国密码技术的国际标准化。要完善身份认证、授权管理、责任认定、可信时间、电子签章等密码基础设施,科学布局密码应用系统集成、运营、监理等服务机构,规范密码服务市场。

在建立健全密码应用安全性评估审查制度方面,明确提出要加强密码检测能力建设,全面提升密码产品和系统检测效能,健全密码检测认证体系。要建立密码应用安全性分类分级评估审查机制,制定评估审查办法,完善评估审查程序,做好安全性评估审查工作。

第二节　行业有关政策要求

为贯彻落实中央政策要求和战略部署,切实加强本行业(领域)的密码应用工作,许多行业(领域)主管部门制定出台了密码应用政策和规划,或者在一些重大战略、重大工程中明确了密码应用要求。在国务院和有关部门出台的网络安全与信息化方面的规划和政策文件中,也对密码应用提出了要求。

一、网络安全和信息化规划中的密码应用要求

（一）《"十三五"国家信息化规划》

2016年，国务院印发《"十三五"国家信息化规划》，从三个方面提出了密码应用要求。

一是要求在国家互联网大数据平台建设工程中，"注重数据安全保护。实施大数据安全保障工程"，"推进数据加解密、脱密、备份与恢复、审计、销毁、完整性验证等数据安全技术研发及应用"。实现数据的加解密、完整性验证，必须使用密码技术为其提供基础支撑。

二是明确完善网络安全法律法规体系，推动出台《网络安全法》《密码法》《个人信息保护法》。将密码法作为网络安全法律法规体系的三个大法之一，充分体现了密码在网络安全中的重要地位。

三是明确"构建关键信息基础设施安全保障体系"，要求"加强重要领域密码应用"，并将国家密码管理部门作为构建关键信息基础设施安全保障体系专项任务的重要职能部门。关键信息基础设施安全保护工作，离不开密码的基础支撑。加强重要领域密码应用，是构建关键信息基础设施安全保障体系的客观要求和必由之路。

（二）《国家电子文件管理"十三五"规划》

2016年，中共中央办公厅、国务院办公厅印发《国家电子文件管理"十三五"规划》，明确要求，"依托国家密码基础设施加强电子印章系统互信互认。推进密码在相关产品中应用"，要求

制定电子证照真实性、完整性、可用性和安全性技术规范。电子证照的真实性、完整性和安全性保护,需要密码提供底层安全支撑。

（三）《政府网站发展指引》

2017 年,国务院办公厅印发《政府网站发展指引》,明确要求对重要数据、敏感数据进行分类管理,做好加密存储和传输。该指引要求"使用符合国家密码管理政策和标准规范的密码算法和密码产品,逐步建立基于密码的网络信任、安全支撑和运行监管机制"。政府网站汇聚了大量的政务服务数据和公民个人信息,数据一旦遭到泄露,将造成严重后果。因此,文件对政府网站提出了使用密码进行数据保护的要求,其核心目标就是建立合规、安全、有效的密码保障体系,为政府网站安全保驾护航。

（四）《"十三五"国家政务信息化工程建设规划》

2017 年,国家发展改革委印发《"十三五"国家政务信息化工程建设规划》明确要求,政务信息化工程建设要筑牢网络信息安全防线,全面推进安全可靠产品和密码应用,提高自主保障能力,切实保障政务信息系统的安全可靠运行。

二、金融领域密码应用政策要求

（一）银行业政策要求

1. 银行业密码应用总体规划

中国人民银行制定了总体规划,对银行机构使用的密码基础设施、金融 IC 卡、网上银行、移动支付、关键信息系统提出了密码应用要求,要求采用符合国家密码法律法规和标准要求的密码算法和密码产品,构建安全可控的密码保障体系。

2.《关于推动移动金融技术创新健康发展的指导意见》

2015 年,中国人民银行印发《关于推动移动金融技术创新健康发展的指导意见》,要求增强移动金融技术创新的安全可控能力,采取有效的加密措施保障敏感信息在生成、传输、存储、使用等环节的安全,防止信息泄露,并提出优先应用安全可控的技术产品和密码算法。

3.《银行卡清算机构管理办法》

2016 年,中国人民银行会同银监会发布《银行卡清算机构管理办法》,要求银行卡清算业务基础设施应满足国家信息安全等级保护要求,使用经国家密码管理部门认可的商用密码产品。

（二）证券业政策要求

2015 年,证监会制定了工作规划,明确要求逐步在网上证券、网上期货、网上基金等业务中完成密码应用建设和升级改造,使用符合国家密码法律法规和标准要求的密码算法和密码产品,并将密码应用工作纳入机构部门及其派出机构日常工作范围,纳入证券期货行业信息安全检查内容。

（三）保险业政策要求

2015 年,保监会制定了实施方案,要求逐步在电子保单、电子认证、办公系统,以及各类保险业务系统中完成密码应用升级改造,使用符合国家密码法律法规和标准要求的密码算法和密码产品;加强密码应用的检测评估,确保密码应用的规范性和安全性。

三、重要领域密码应用政策要求

教育、公安、住建、交通、水利、卫生计生、工商、能源、测绘地理信息等领域主管部门，均制定了本领域密码应用总体规划或工作方案，明确要求使用符合国家密码法律法规和标准规范的密码算法和密码产品，实现密码在本领域的全面应用。

教育部要求，在教育和科研计算机网、教育管理、教育资源、电子校务、教育基础数据、教育卡等信息系统，以及面向社会服务的教育政务系统中加强密码应用。

公安部要求，在信息安全等级保护第三级及以上的网络信息系统、国家级信息化项目、全国或跨地区联网的网络和信息系统、公安信息网基础设施、面向社会服务的政务信息系统中加强密码应用。

住房和城乡建设部要求，在城市基础设施信息系统、面向社会服务的政务信息系统、行业性业务系统和办公系统中加强密码应用。

交通运输部要求，在高速公路不停车收费系统（ETC）、交通一卡通系统、联网售票系统、出行服务系统、运政管理系统、地理信息系统等领域加强密码应用。中国铁路总公司要求，在铁路基础网络、重要信息系统、公众服务平台等领域加强密码应用。

水利部要求，在重要水利枢纽、重要水文水利系统中加强密码应用。国务院三峡办要求，在三峡水利枢纽工业控制系统中加强密码应用。

国家卫生计生委要求，建设卫生计生行业密码应用基础设施，在人口健康信息平台、卫生计生行业重要信息系统中加强密码应用。

国家工商总局要求,在工商部门面向社会服务的信息系统中,加快推进基于密码的网络信任、安全管理和运行监管体系建设,规范密码应用。

国家能源局要求,在电力系统、核电厂、石油天然气、油气管道等重要信息系统和重要工业控制系统中加强密码应用。

国家测绘地理信息局要求,在卫星导航基准站、面向社会服务的测绘地理信息政务系统中加强密码应用。

第三节 商用密码应用实施要求

密码相关法律法规和政策文件对商用密码应用提出了明确要求。为落实这些法规政策,促进密码合规、正确、有效使用,国家密码管理部门做了系统安排部署,各地区、各部门也出台了有关政策措施,积累了许多好经验,对加强密码应用具有很好的借鉴意义。

一、坚守底线

新建重要网络和信息系统要制定密码应用方案,同步规划建设基于密码的保障体系,按照要求开展商用密码应用安全性评估。通过立项审核、采购管理等手段,确保新建网络和信息系统密码应用的合规性、正确性和有效性,避免建成后再升级改造,这是重要领域密码应用的工作底线。

在坚守底线、规范增量的基础上,对于已经建成运行的重要网络和信息系统,采取积极稳妥的方案实施密码应用升级改造,升级改造不搞盲目的"一刀切",要视条件推进,确保重要网络和信息系统平稳运行。

二、战略融合

充分发挥密码在国家战略实施中的核心支撑保障作用,实现密码应用与国家战略的融合发展,确保国家战略推进到哪里,密码就保障服务到哪里。

一方面,密码应用要融入国家战略。加强密码应用与"网络强国""互联网+"等国家行动计划的统筹实施,在党政机关电子公文系统安全可靠应用、国家信息化建设、电子文件管理,以及"互联网+政务服务"等项目中落实密码应用要求。加强密码应用与"一带一路"建设的统筹实施,鼓励更多优秀的中国密码企业、科研院校"走出去",积极参与国际交流与合作,提出中国方案、贡献中国智慧。加强密码应用与"军民融合"战略的统筹实施,建立商用密码产用、军民融合协同创新机制。加强密码应用与"大数据""云计算""新型智慧城市"等战略的统筹实施,通过密码应用实现系统互信互联,保障数据和系统安全。各地区、各部门在制修订金融、网信、公安、政务等领域有关法规政策时,要统筹考虑国家密码应用要求,支持密码技术研发、产业化、应用推广、标准制定、人才培养等。

另一方面,密码应用要与现有机制有效衔接。做好密码应用与网络安全等级保护、关键信息基础设施保护工作的衔接,将密码应用要求纳入有关法规和标准中,让网络运营者依法依规使用密码。国家网信、公安、密码等部门建立联合检查工作机制,将密码应用纳入关键信息基础设施网络安全检查范围和网络安全等级保护执法检查范围。

三、源头管理

统筹协调好密码应用侧、供给侧、支撑侧的关系,从源头规范密码的生产服务、规划建设、检测评估行为。

一是从网络信息产品的研发生产和网络信息服务的源头管起。重点针对网络信息产品的生产商、网络信息服务的提供商、网络信息系统的集成商,加强密码知识和政策的普及,由重资质管理向重行为管理转变,通过标准规范、政府采购等多种手段,推动其落实密码应用要求,履行安全责任。同时,加大政策支持力度,营造公平市场环境,鼓励密码产品、技术和服务创新,鼓励企业加大密码研发投入,培养更多新兴业态,以科技创新促进供给侧结构性改革,满足密码应用需求。

二是从网络信息系统规划、建设的源头管起。明确网络运营者的密码安全主体职责,对影响或者可能影响国家安全的密码产品、密码相关服务和密码保障系统实施安全审查,对网络运营者在规划、建设、运行阶段密码管理要求落实情况进行检查,确保系统都合规使用密码。

三是从产品检测、系统评估的源头管起。密码产品和服务要获得行政许可,符合密码检测认证规则,通过检测认证确保产品和服务合规合标。加大密码应用安全性评估的执行力度,规范评估行为,把规划阶段的评估作为财政性资金立项的必要条件,把建设阶段的评估作为上线运行的必要条件,实现网络和信息安全关口前移。

四、分类施策

对于金融领域,密码产品、密码标准和行业应用标准已基本完善,大、中、小银行的密码应用模式已经初步形成,积累了丰富的升级改造成功案例。为此,要在原有基础上进一步扩大和拓展应用范围,实现银行业密码全面应用,并辐射带动其他领域的密码应用。

对于教育、交通、卫生、能源、公安等重要信息系统和电信网、广播电视网、互联网、物联网等基础通信网络,相关行业主管部门已经制定工作规划,明确了重点任务和进度安排。对于这些全国范围内部署规划建设的网络和信息系统,行业主管部门是密码应用实施的主体,地方各级部门要加强条块配合,做好督促检查和通报交流工作。

对于重要工业控制系统,目前基础比较薄弱,密码应用可以循序渐进,首先做好技术研究和产品准备,根据实际情况制订工作计划,先选择条件成熟的系统开展密码应用试点,逐步拓展到相关领域。

对于政务信息系统,各级行政部门是密码应用的实施主体。尤其是使用财政性资金建设的政务系统,要带头落实国家密码应用政策要求,带头提升系统安全防护水平,要从项目规划立项、资金支持、建设验收等环节,督促有关部门落实密码安全责任。

五、态势感知

以安全大数据为基础,建立基于环境、动态、整体的密码应用感知系统,全天候、全方位感知密码应用安全态势,从全局视角提升对密码应用安全威胁的发现识别、精确分析和应急处理,增强密码安全的防御能力和威慑能力。通过态势感知,一是提升风险分析研判能力,对潜在、持续的威胁和异常能够实现快速研判;二是建立信息与情报共享通报机制,在总体国家安全观的统领下,国家密码管理部门会同网信、公安、保密等网络安全主管部门,以及各行业主管部门,共同建立密码安全信息通报机制,实现密码基础数据、应用情况、安全动态等信息的共享;三是加快应急响应能力建设,在分析研判、溯源取证基础上,实现安全威胁早发现早预防,采取有针对性的处置措施。

▶ 第十章 商用密码应用技术支撑

面向国家战略需求,充分发挥商用密码应用技术的基础支撑作用,是加强网络空间治理体系建设、保障网络与信息系统安全、维护公民合法权益的客观需要。经过二十余年的发展,我国商用密码应用技术框架基本形成,商用密码产品与服务取得丰硕成果。

第一节 商用密码应用技术框架

为满足国家网络和信息安全发展需要,国家密码管理局组织密码专家、产业队伍和应用单位,剖析商用密码技术现状、应用需求,借鉴国内外先进经验和成熟案例,立足国家层面开展顶层设计规划,研究提出了商用密码应用技术框架,并在国家重大科技项目中进行了验证实施,如图 10-1 所示。

商用密码应用技术框架包含密码资源、密码支撑、密码服务、密码应用等四个层次,以及提供管理服务的密码管理基础设施。

密码资源层提供基础性的密码算法资源,底层提供序列、分组、公钥、杂凑、随机数生成等基础密码算法;上层以算法软件、算

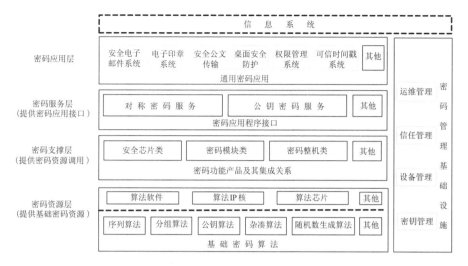

▲ 图 10-1　商用密码应用技术框架

法 IP 核、算法芯片等形态对底层的基础密码算法进行封装。

　　密码支撑层提供密码资源调用,由安全芯片类、密码模块类、密码整机类等各类商用密码产品组成,如可信计算密码模块(TCM)、智能 IC 卡、密码卡、服务器密码机等。

　　密码服务层提供密码应用接口,分为对称密码服务和公钥密码服务以及其他三大类。对称密码服务为上层应用提供数据的机密性保护功能;公钥密码服务为上层应用提供身份认证、数据完整性保护和抗抵赖等功能。

　　密码应用层调用密码服务层提供的密码应用程序接口,实现所需的数据加解密、数字签名验签等功能。典型应用如安全电子邮件系统、电子印章系统、安全公文传输、桌面安全防护、权限管理系统、可信时间戳系统等。

　　密码管理基础设施作为一个相对独立的组件,为上述四层提供运维管理、信任管理、设备管理、密钥管理等功能。

实践表明,商用密码应用技术框架的提出,为商用密码技术研发、产品研制、应用服务和管理提供了重要的理论指导,为构建金融、工商、通信、可信计算、数字电视等多个重要领域和重点方向的典型密码应用技术体系,发挥了重要作用。

第二节　商用密码产品

一、产品分类

近年来,商用密码产业自主创新能力持续增强,产业支撑能力不断提升,已基本建成种类丰富、链条完整、安全适用的商用密码产品体系,部分产品性能指标已达到国际先进水平。

(一) 按形态分类

商用密码产品按形态划分为六类:软件、芯片、模块、板卡、整机、系统。

软件是指以纯软件形态出现的密码产品,例如信息保密软件、密码算法软件等。芯片是指以芯片形态出现的密码产品,例如算法芯片、密码 SOC 芯片等。模块是指以多芯片组装的背板形态出现,具备专用密码功能,但本身不能提供完整密码功能的产品,例如加解密模块、安全控制模块等。板卡是指以板卡形态出现,具备完整密码功能的产品,例如 IC 卡、USB Key、PCI 密码卡等。整机是指以整机形态出现,具备完整密码功能的产品,例如网络密码机(IPSec VPN)、服务器密码机等。系统是指以系统形态出现,由密码功能支撑的产品,例如安全认证系统、密钥管理系统等。

　　与前述模块含义不同,GM/T 0028-2014《密码模块安全技术要求》中的"密码模块"是一个逻辑概念,应当视为一个专有名词,指实现了密码功能的硬件、软件和/或固件的集合,并且包含在密码边界以内,不再仅仅是以背板形态出现、不具备完整密码功能的产品。

　　（二）按功能分类

　　商用密码产品按功能划分为七类:密码算法类、数据加解密类、认证鉴别类、证书管理类、密钥管理类、密码防伪类和综合类。

　　密码算法类主要是指提供基础密码运算功能的产品,例如密码算法芯片等。数据加解密类主要是指提供数据加解密功能的产品,例如服务器密码机、VPN 设备等。认证鉴别类主要是指提供身份认证、密码鉴别功能的产品,例如动态口令系统、认证网关等。证书管理类主要是指提供证书的产生、分发、管理功能的产品,例如证书认证系统等。密钥管理类主要是指提供密钥的产生、分发、更新、归档和恢复等功能的产品,例如密钥管理系统等。密码防伪类主要是指提供密码防伪验证功能的产品,例如电子印章系统、支付密码器、数字水印系统等。综合类是指提供含上述六类产品功能的两种或两种以上的产品,例如电子商务安全平台、综合安全保密系统等。

　　二、密码算法类产品实例

　　密码芯片主要用于实现各类密码算法及相应的安全功能。具体又可分为两小类:第一类以实现密码算法逻辑为主,一般不涉及密钥或者敏感信息的安全存储,通常称为"算法芯片";第二类在第一类的基础上,增加了密钥和敏感信息存储等安全功能,所起的作用相当于一个"保险柜",最重要的算法数据都存储在芯片中,加密和解密的运算是在芯片内部完成,通常称为"安全芯片"。安全芯片自身具有极高安全等级,能够保护内部存储的密钥和信息数据不被非法读取和篡改,可作为密码板卡或模块的主控芯片。

密码芯片广泛应用于各类密码产品和安全产品,主要提供基础且安全的密码运算功能。密码芯片的安全能力对于保障整个系统的安全性举足轻重。因此,应根据预期的安全服务,以及应用与环境的安全要求,选择支持 SM 系列算法、达到一定安全级别并取得《商用密码产品型号证书》的密码芯片。

三、数据加解密类产品实例

服务器密码机是数据加解密类产品的典型代表之一,主要提供数据加解密、数字签名验签以及密钥管理等高性能密码服务。

服务器密码机通常部署在应用服务器端,能够同时为多个应用服务器提供密码服务,使重要数据的机密性、完整性、真实性得到保证,如图 10-2 所示。

服务器密码机作为基础密码产品,既可以为安全公文传输系统、安全电子邮件系统、电子签章系统等提供高性能的数据加解密服务,又可以作为主机数据安全存储系统、身份认证系统,以及对称、非对称密钥管理系统的主要密码设备和核心组件,广泛应用于银行、保险、证券、交通、电子商务、移动通信等行业的安全业务应用系统。

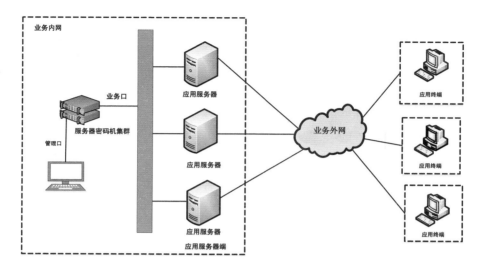

▲　图 10-2　服务器密码机部署示意

四、认证鉴别类产品实例

认证网关是认证鉴别类产品的典型代表之一。认证网关主要为网络应用提供基于数字证书的高强度身份认证服务,可以有效保护网络资源的安全访问。

认证网关是用户进入应用服务系统前的接入和访问控制设备,通常部署在用户和被保护的服务器之间,如图 10-3 所示。认证网关的外网口与用户网络连接,内网口与被保护服务器相连,由于被保护服务器通过内部网络与认证网关连接,因此,用户与服务器的连接被认证网关隔离,无法直接访问被保护服务器,只有通过网关认证才能获得服务。同时,认证网关将服务器与外界网络隔离,避免了对服务器的直接攻击。

认证网关通过身份认证代理实现对全网统一身份认证的支持,保障网络上的用户单点登录全网通行;通过用户权限鉴别,解

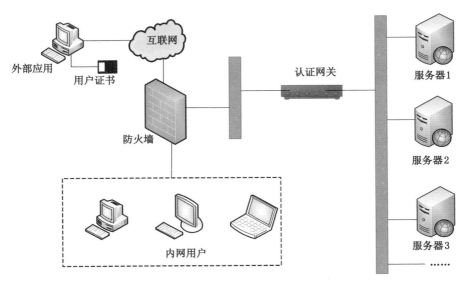

▲ 图 10-3 认证网关部署示意

决用户权限级别划分问题；通过访问控制服务，加强对网络和应用资源的信息安全保障。

五、证书管理类产品实例

数字证书也称公钥证书，可以看作网络环境下个人、机构、设备的"身份证"，是由证书认证机构签名的包含公钥拥有者信息、公钥、签发者信息、有效期以及扩展信息的一种数据结构。可以按对象分为个人证书、机构证书和设备证书，按用途分为签名证书和加密证书。对数字证书进行管理的系统通常称为"证书认证系统"，是证书管理类产品的典型代表。

证书认证系统对生命周期内的数字证书进行全过程管理，包括用户注册管理、证书/证书撤销列表（CRL）的生成与签发、证书/CRL 的存储与发布、证书状态的查询以及安全管理等，如图

10-4 所示。与这些功能相对应,证书认证系统一般包括证书管理中心(CA)和用户注册中心(RA)两部分。其中,CA 负责对证书进行管理,如证书/CRL 的签发和更新、证书的作废(注销、撤销或吊销)、证书/CRL 的查询或下载等;RA 负责对用户提供面对面的证书业务服务,如证书申请、身份审核等。

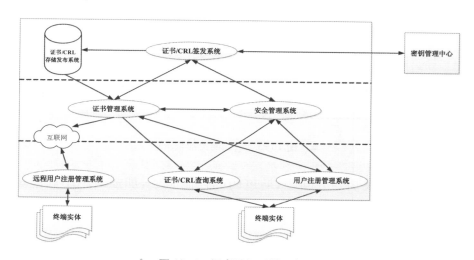

▲ **图 10-4 证书认证系统逻辑结构**

按照 GM/T 0034-2014《基于 SM2 密码算法的证书认证系统密码及其相关安全技术规范》要求,签名证书的公钥及其对应的私钥可以由用户自己生成,而加密证书的公钥及其对应的私钥,应当由密钥管理中心(KMC)提供。因此,证书认证系统通常应与密钥管理系统配合部署。

六、密钥管理类产品实例

密钥管理类产品常以系统形态出现,通常包括产生密钥的硬件,如密码机、密码卡等,以及实现密钥存储、分发、备份、更新、销毁、归档、恢复、查询、统计等服务功能的软件。密钥管理类产品一般是各类密码系统的核心,如同给房子上锁需要保护好钥匙一样,现代密码学的核心理念之一,即密码系统的安全性不取决于对密码算法自身的保密,而取决于对密钥的保密。因此,密钥管理类产品的核心功能是确保密钥的安全性。

典型的密钥管理类产品有金融 IC 卡密钥管理系统、数字证书密钥管理系统、社会保障卡密钥管理系统、支付服务密钥管理系统等,但核心功能基本一致。如图 10-5 所示,数字证书密钥管理系统主要由密钥生成、密钥库管理、密钥恢复、密码服务、密钥管理、安全审计、认证管理等功能模块组成。实际部署时,为保证密钥管理中心和证书认证中心之间的通信安全,双方应当采用具有双向身份鉴别机制的安全通信协议进行交互。

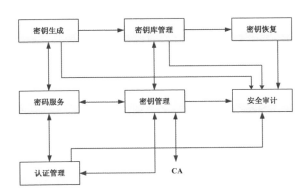

▲　**图 10-5　数字证书密钥管理系统逻辑结构**

七、密码防伪类产品实例

电子印章系统是密码防伪类产品的典型代表之一。电子印章系统通常将传统印章与数字签名技术结合起来,采用组件技术、图像处理技术及密码技术,对电子文件进行数据签章保护。

电子印章具有和物理印章同样的法律效力,一般在受保护文档中采用图形化的方式进行展现,具有和物理印章相同的视觉效果。盖章文档中的所有文字、空格、数字字符、电文格式全部被封装固定,不可篡改。

通常,电子印章系统包括电子印章制作系统与电子印章服务系统两部分。电子印章制作系统主要用于制作电子印章,印章数据通过离线的方式导入电子印章服务系统。电子印章服务系统主要用于电子印章的盖章、验章,如图10-6所示。用户终端安装印章客户端软件,可以联网在线应用或离线应用。

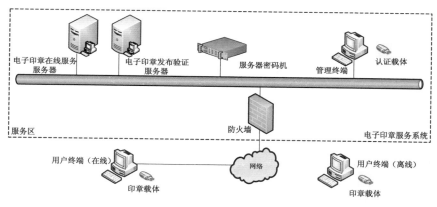

▲ 图10-6 电子印章服务系统部署示意

八、综合类产品实例

电子商务安全平台是综合类产品的典型代表之一。电子商务安全平台指在电子商务活动中为参与货物、服务和知识产权等交易的交易双方或多方提供安全服务的信息系统。电子商务安全平台旨在建立诚信的网上交易环境,解决网络交易过程中可能存在的信息伪造、篡改、抵赖等问题。

电子商务安全平台一般提供实名认证、身份鉴别、电子签名、证据保全等服务,如图 10-7 所示。实名认证提供一种鉴别方式确认网上用户的实体身份。身份鉴别基于数字证书对网上用户身份进行安全认证。电子签名基于数字证书和数字签名,提供符合相关法律要求的抗抵赖解决方案。证据保全基于数字证书和电子签名提供对账服务、取证服务等。

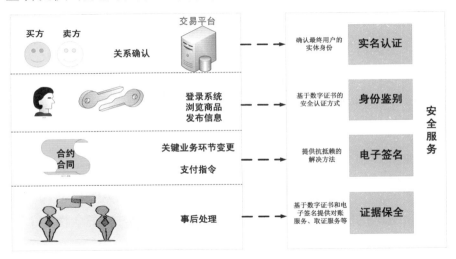

▲ 图 10-7　电子商务安全平台功能示意

第三节　电子认证服务

电子认证服务为电子签名相关各方提供真实性、可靠性验证等相关服务。2005 年,《电子签名法》正式实施,明确了电子签名的法律效力,解决了电子签名、数据电文的合法性问题。根据《电子签名法》有关规定和国务院有关文件要求,国家密码管理局负责对第三方电子认证服务使用密码行为和电子政务电子认证服务进行管理。

一、第三方电子认证服务密码应用

《电子签名法》第十六条规定：“电子签名需要第三方认证的，由依法设立的电子认证提供者提供认证服务。”《电子签名法》第十七条规定了电子认证服务机构应具备的条件，其中第四款明确指出，电子认证服务机构应“具有国家密码管理机构同意使用密码的证明文件”。依据《电子签名法》《商用密码管理条例》等规定，国家密码管理局制定了《电子认证服务密码管理办法》，要求提供电子认证服务，应首先申请《电子认证服务使用密码许可证》，所需密钥服务由国家密码管理机构和省、自治区、直辖市密码管理机构规划的密钥管理系统提供。

办理《电子认证服务使用密码许可证》，应首先通过国家密码管理局组织的安全性审查和互联互通测试。其中，安全性审查主要是依据 GM/T 0034-2014《基于 SM2 密码算法的证书认证系统密码及其相关安全技术规范》，对拟开展电子认证服务的机构建设运营的证书认证系统的功能性能和安全措施进行审查；互联互通测试主要是检测其证书认证系统与国家电子认证信任源根 CA 的互联互通情况，以达到各证书认证系统互认互证和互联互通的目的。截至 2017 年 8 月，已有 45 家第三方电子认证服务机构的电子认证服务系统通过了国家密码管理局的安全性审查，接入国家电子认证信任源根 CA，取得《电子认证服务使用密码许可证》。

建设证书认证系统，一是应当遵循 GM/T 0034-2014《基于 SM2 密码算法的证书认证系统密码及其相关安全技术规范》；二是应当采用 SM 系列算法，选用取得《商用密码产品型号证书》的数字证书认证系统、密钥管理系统、服务器密码机、智能密码钥匙等商用密码产品。

二、电子政务电子认证服务应用

电子政务电子认证服务是指电子政务服务机构采用密码技术，通过数字证书为各级政务部门开展社会管理、公共服务等政务活动提供电子认证服务。

根据《电子政务电子认证服务管理办法（试行）》规定，国家密码管理局负责电子政务电子认证服务活动的监督管理，各省、自治区、直辖市和中央国家机关有关部委密码管理部门按照国家密码管理局的统一要求，负责本地区本部门电子政务电子认证服务活动的监督管理工作。从事电子政务电子认证服务的机构，除应当依法取得《电子认证服务使用密码许可证》外，还应当通过国家密码管理局组织开展的电子政务电子认证服务能力评估，通过能力评估后列入《电子政务电子认证服务机构目录》。电子政务电子认证服务机构应当按照本机构发布的电子认证服务业务规则开展认证服务。电子政务信息系统应当根据业务需要采用电子认证服务，并遵循相应的密码标准规范。政务部门应当在《电子政务电子认证服务机构目录》中选择电子认证服务机构提供服务。截至 2017 年 8 月，全国已有 44 家相关机构通过服务能力评估，列入了《电子政务电子认证服务机构目录》。

第四节　商用密码服务

一、基本概念

商用密码服务是指基于密码专业技术、技能和设施,为他人提供集成、运营、监理等商用密码支持和保障的活动。

早期的密码服务是围绕密码产品而开展的,如密码产品的前期咨询、售后服务等,主要是针对客户的咨询,介绍密码产品的特征、功能,提供相应的部署建议及解决方案,最终为客户选择或研发合适的密码产品,并制定相应的产品规范,保证客户的正常使用,为客户解决产品使用过程中出现的问题。在产品销售过程中同时也提供密码培训、咨询和维保等服务。

随着密码技术及产品的应用日趋复杂,密码服务已不仅仅是产品的咨询与集成等简单服务,围绕信息系统建设的密码服务开始出现。

二、主要类型

商用密码服务的主要类型包括密码咨询服务、密码知识和技术培训服务、密码应用系统集成服务、密码应用系统运营服务、密码应用系统维护保障服务等。

密码咨询服务从政策、标准、规范、管理、技术、体制、机制等方面为用户提供有关密码的解决方案和解决办法。

密码知识和技术培训服务可为用户提供商用密码基础知识、产品使用安全管理、法规标准等方面的培训。

密码应用系统集成服务可为用户提供满足用户需求的商用密码产品和系统,并将其与网络设备及信息系统进行集成,以满足用户信息系统的密码保障需求并实现相应的安全目标。

密码应用系统运营服务是指基于自身的密码应用系统和设备,使用密码技术,为用户提供以数据信息加密、身份鉴别认证为主要内容的经营性服务。

密码应用系统维护保障服务是指为了保证密码应用系统的正常运行,避免造成巨大损失,对商用密码产品的安全性实行安全管理和维护服务。

三、密码应用系统运营服务

随着云计算技术与存储加密、传输加密、身份认证等密码功能的深度融合,未来越来越多的密码功能将会以密码云服务(如"加密云")的运营方式提供给用户。密码应用系统运营类的商用密码服务将会迅速发展并日益壮大。

密码应用系统运营服务包括密钥服务、数据加密服务、电子签名服务、可信身份管理服务等。

密钥服务是指基于密码基础设施,涉及密钥全生命周期管理中的一项或者多项保障的活动,如密钥备份服务、密钥生成服务、密钥托管服务等。

数据加密服务是指基于密码基础设施,为用户提供数据加密支持的活动,如云加密存储服务、加密电子邮件服务、语音通话加密服务、即时通信加密服务等。

电子签名服务是指基于密码技术开展电子印章、电子证据、时间戳、电子文件、应用程序等数据电文所需可靠电子签名的活动，如云签章服务、安全日志审计服务、安全电子文件验证服务、可信时间戳服务、安全电子证据管理服务、手机 APP 安全分发服务、基于区块链①技术的数据分发服务等。

可信身份管理服务是指基于密码技术，开展网络环境下个人、机构、设备的身份认证、授权管理的活动，如可信接入服务、网络身份验证服务、统一接入服务、数字证书管理服务等。

---

① 区块链：一种分布式数据存储技术，数据以时间顺序相连，基于杂凑算法和数字签名技术达到不可篡改、不可伪造的分布式记录，是比特币等数字货币的核心实现技术。

第十一章　商用密码应用安全性评估

密码应用安全是整体安全,不仅包括密码算法安全、密码协议安全、密码设备安全,还要立足系统安全、体系安全和动态安全。因此,对网络和信息系统密码应用的合规性、正确性、有效性开展安全评估,显得十分关键和紧要。

第一节　评估意义与要求

一、开展商用密码应用安全性评估的必要性和重要意义

对关键信息基础设施开展商用密码应用安全性评估,是国家密码法律法规的明确要求。开展商用密码应用安全性评估,对于规范密码应用,切实保障网络安全,具有不可替代的重要作用。

(一)开展商用密码应用安全性评估是维护网络和信息系统密码安全的客观要求

对于一些关系国家安全、经济发展、社会稳定的重要网络和

信息系统而言,只有构建一个安全、有效的密码保障系统,才能真正有效抵御有组织、有目的的网络攻击,才能有效地保护数据的机密性、完整性,保证访问用户的真实性和行为的不可抵赖性。

密码保障系统能否有效抵御网络攻击,能否有效保护数据和信息安全,关键在于密码的使用是否合规、正确、有效。密码使用的合规性、正确性、有效性,涉及密码算法、密码协议、密码产品、密钥体系、密码技术体系设计、密码与应用的结合、物理环境与管理手段等诸多方面。因此,有必要请专业机构、专业人员,采用专业工具和专业手段,对系统整体的密码安全进行专项测试和综合评估,形成科学准确的评估结果,以便及时掌握密码安全现状,采取必要的技术和管理措施。

（二）开展商用密码应用安全性评估是我国网络安全严峻形势的迫切需要

当前,我国网络安全形势异常严峻,重要网络和信息系统的密码安全现状很不理想。从近几年中央网信办组织的全国网络安全大检查,以及有关部门开展的密码专项检查情况看,一些重要领域网络和信息系统还存在密码使用不规范、不科学和密码保障体系不健全等突出问题;不少系统存在不使用、不真用、不实用密码的情况。

2016 年,某省对已建成使用的面向社会服务的政务信息系统做了摸底,全省 1449 个政务信息系统中,密码使用符合国家规定的有 138 个,仅占 9.5%。某部委 2017 年上半年对本系统 10 个省份 637 个重要网络和信息系统进行密码应用测评,密码使用符合国家规定的有 2 个,仅占 0.3%。

正是基于这种密码应用不广泛、不规范的现状,不少地区和部门反映,希望国家尽快出台商用密码应用安全性评估管理办法,为重要网络和信息系统的密码安全提供科学评价。同时,通过建立健全规范有序的商用密码应用安全性评估机制,逐步规范网络运营者的密码使用和管理行为,以评促建、以评促改、以评促用,从根本上改变目前密码应用不合规、不安全的现状,更好地发挥密码在保障网络和信息系统安全中的核心支撑作用。

(三) 开展商用密码应用安全性评估是网络运营者和主管部门必须履行的责任

《网络安全法》规定,"网络运营者应当履行网络安全保护义务",并且明确在网络安全等级保护制度的基础上,对关键信息基础设施实行重点保护。按照国家网络安全等级保护制度的要求,非涉密网络系统依据其重要程度划分为一至五级,其中等级保护第三级及以上网络系统应当开展商用密码应用安全性评估。关键信息基础设施是重点保护对象,其安全要求也更高,需要同步规划、同步建设、同步运行密码保障系统,更要强化商用密码应用安全性评估。

目前,国家正在制定《密码法》,同时为了配合《网络安全法》的有效实施,有关部门正在制定《网络安全等级保护条例》和《关键信息基础设施保护条例》,这几部法律法规都对商用密码应用安全性评估工作提出了明确要求。因此,对于等级保护第三级及以上网络系统、关键信息基础设施的网络运营者和主管部门而言,开展商用密码应用安全性评估是法定责任,必须按要求开展。

二、商用密码应用安全性评估的目标和原则

商用密码应用安全性评估的目标是促进网络运营者履行密码安全责任,建立和完善密码保障系统,提升密码安全防护能力。围绕这一目标,商用密码应用安全性评估工作的总体原则是"突出重点、夯实责任、全程评估、分类分级、强化监管"。

一是突出重点。商用密码应用安全性评估的对象是采用商用密码技术、产品和服务集成建设的网络和信息系统,关键点是网络和信息系统密码应用的合规性、正确性和有效性。对于一般的网络和信息系统,网络运营者可自愿开展;对于涉及国家安全和社会公共利益的重要领域网络和信息系统,网络运营者必须按照要求开展。重要领域网络和信息系统是指关键信息基础设施、网络安全等级保护第三级及以上信息系统。从类型上看,可以分为基础信息网络、重要信息系统、重要工业控制系统、面向社会服务的政务信息系统等。

二是夯实责任。网络运营者(包括建设、运营、管理单位)是商用密码应用安全性评估的责任单位,应当健全密码保障系统,并在规划、建设和运行阶段,组织开展商用密码应用安全性评估工作,且对此负主体责任。测评机构是商用密码应用安全性评估的承担单位,应当按照标准和有关要求科学、公正地开展评估。国家密码管理部门负责指导、监督和检查全国的商用密码应用安全性评估工作;省(部)密码管理部门负责指导、监督和检查本地区、本部门、本行业(系统)的商用密码应用安全性评估工作。

三是全程评估。为了从源头上规范密码应用，新建的重要领域网络和信息系统，应当在规划、建设、运行三个阶段开展评估。已建成的重要领域网络和信息系统，应当定期开展评估。另外，在发生密码相关重大安全事件、重大调整或特殊紧急情况时，还应当开展应急评估。

四是分类分级。商用密码应用安全性评估实施分类分级管理。分类是指，网络和信息系统既有通用的密码应用要求，不同行业、不同类别的网络和信息系统还可能有专门的密码应用标准。商用密码应用安全性评估除了按照通用的密码应用要求实施外，还将对照这些专门标准进行评估。分级是指，不同的网络和信息系统，依据其划定的网络安全等级或重要程度不同，对应的密码应用要求和评估要求也不同，从低等级向高等级逐渐增强。

五是强化监管。各地区（部门）密码管理部门对本地区（部门）重要领域网络和信息系统开展商用密码应用安全性评估的情况进行检查，国家密码管理部门进行抽查。对未按照要求开展商用密码应用安全性评估的，或者未按照评估结果按期整改的，网络运营者的主管部门会同密码管理部门依据有关规定予以处罚。另外，网信、公安等部门开展网络安全检查时，将商用密码应用安全性评估情况作为检查的重要内容。

三、商用密码应用安全性评估的基本要求

为规范商用密码应用安全性评估工作，国家密码管理局制定了商用密码应用安全性评估管理办法、商用密码应用安全性测评

机构管理办法等有关规定,对测评机构、网络运营者、管理部门三类对象提出了要求,对评估程序、评估方法、监督管理等进行了明确。

（一）测评机构和测评人员基本要求

商用密码应用安全性评估工作是一项专业性很强的工作,需要专门的测评机构派出专业测评人员实施测评,测评结果作为商用密码应用安全性评估结论的重要依据。

承担商用密码应用安全性评估工作的测评机构,需要经过国家密码管理部门认定,取得相关资质。测评机构应当公正、独立地开展测评工作,全面、客观地反映被测系统的密码应用安全状态,不得泄露被测评对象的工作秘密和重要数据,不得妨碍被测系统的正常运行。

从事商用密码应用安全性评估工作的测评人员应当通过密码管理部门组织的考核,遵守国家有关法律法规、技术标准,为用户提供安全、客观、公正的评估服务,保证评估的质量和效果。

（二）网络运营者基本要求

网络运营者是商用密码应用安全性评估工作的组织实施主体和责任主体。重要领域网络和信息系统的运营者,应按如下要求开展工作。

第一,系统规划阶段,网络运营者应当依据商用密码技术标准,制定商用密码应用建设方案,组织专家或委托具有相关资质的测评机构进行评估。其中,使用财政性资金建设的网络和信息系统,商用密码应用安全性评估结果应作为项目立项的必备材料。

第二,系统建设完成后,网络运营者应当委托具有相关资质的测评机构进行商用密码应用安全性评估,评估结果作为项目建设验收的必备材料,评估通过后,方可投入运行。

第三,系统投入运行后,网络运营者应当委托具有相关资质的测评机构定期开展商用密码应用安全性评估。评估未通过,网络运营者应当限期整改并重新组织评估。其中,关键信息基础设施、网络安全等级保护第三级及以上信息系统,每年至少评估一次。

第四,系统发生密码相关重大安全事件、重大调整或特殊紧急情况时,网络运营者应当及时组织具有相关资质的测评机构开展商用密码应用安全性评估,并依据评估结果进行应急处置,采取必要的安全防范措施。

第五,完成规划、建设、运行和应急评估后,网络运营者应当在规定时间内将评估结果报主管部门及所在地级市的密码管理部门备案(部委建设直管的系统及其延伸系统,商用密码应用安全性评估结果报部委密码管理部门备案)。网络安全等级保护第三级及以上信息系统,评估结果应同时报所在地区公安部门备案。

网络运营者应当认真履行好密码安全主体责任,明确密码安全负责人,制定完善的密码管理制度,按照要求开展商用密码应用安全性评估、备案和整改,配合密码管理部门和有关部门的安全检查。

（三）管理部门监督检查要求

各地区(行业)密码管理部门根据工作需要,定期或不定期地对本地区重要领域网络和信息系统商用密码应用安全性评估工作落实情况进行检查。国家密码管理部门对全国的商用密码应用安全性评估工作落实情况进行抽查。检查的主要内容包括：是否在规划、建设、运行阶段按照要求开展商用密码应用安全性评估，评估后问题整改情况，评估结果有效性情况等。

国家和地方密码管理部门、行业管理部门依据有关规定，组织对测评机构工作开展情况进行监督检查。检查内容主要包括两方面：一是对测评机构出具的评估结果的客观、公允和真实性进行评判；二是对测评机构开展评估工作的客观、规范和独立性进行检查。

第二节　评估内容与依据

商用密码应用安全性评估是对采用商用密码技术、产品和服务集成建设的网络和信息系统密码应用的合规性、正确性、有效性进行评估。按照商用密码应用安全性评估管理要求，在系统规划阶段，可组织专家或委托测评机构进行评估；在系统建设完成后以及运行阶段，由测评机构进行评估。

一、评估依据和基本原则

评估工作应当遵循国家法律法规及相关标准。测评机构开展评估应当遵循商用密码管理政策和《信息系统密码应用基本要求》《信息系统密码测评要求》等相关密码标准的要求，遵循独立、客观、公正的原则。

二、评估的主要内容

（一）商用密码应用合规性评估

信息系统应按照《信息系统密码应用基本要求》使用密码，使用的密码算法应当符合法律法规的规定和密码相关国家标准、行业标准的有关要求，使用的密码技术应遵循密码相关国家标准、行业标准，使用的密码产品与密码模块应通过国家密码管理部门核准，使用的密码服务应符合国家密码管理有关要求。

（二）商用密码应用正确性和有效性评估

信息系统传输的重要数据、敏感信息或整个报文，存储的重要数据和敏感信息，身份鉴别信息和密钥数据采用密码技术进行加密，应评估密码应用是否正确并有效实现机密性保护。

信息系统传输的重要数据、敏感信息或整个报文，存储的重要数据、文件和敏感信息，身份鉴别信息，密钥数据，日志记录，访问控制信息，重要信息资源敏感标记，重要程序，视频监控音像记录，电子门禁系统进出记录使用消息鉴别码（MAC）或数字签名实现完整性保护，应评估密码应用是否正确有效。

信息系统中进入重要物理区域人员的身份、通信双方的身份、网络设备接入时的身份、采用可信计算技术的平台身份、登录操作系统和数据库系统的用户身份、应用系统的用户身份使用对称加密、动态口令、数字签名等保证真实性，应评估密码应用是否正确有效。

信息系统中所有需要抗抵赖的行为，包括发送、接收、审批、创建、修改、删除、添加、配置等操作使用数字签名等密码技术实现实体行为的不可否认,应评估密码应用是否正确有效。

（三）商用密码应用安全性评估具体内容

商用密码应用安全性评估主要对物理和环境、网络和通信、设备和计算、应用和数据、密钥管理以及安全管理六个方面进行密码测评。

1. 物理和环境测评内容

检测重要场所、监控设备等的物理访问控制是否采用密码技术,所使用的密码是否符合要求及其实现是否正确;检测物理访问控制记录、视频记录信息等敏感信息的完整性保护是否采用密码技术,所使用的密码是否符合要求及其实现是否正确。

2. 网络和通信测评内容

检测连接到内部网络的设备是否采用密码技术进行安全认证,所使用的密码是否符合要求及其实现是否正确;检测通信双方是否采用密码技术进行身份认证,所使用的密码是否符合要求及其实现是否正确;检测通信过程中数据的完整性保护是否采用密码技术进行安全认证,所使用的密码是否符合要求及其实现是否正确;检测通信过程中的敏感信息字段或整个报文的机密性保护是否采用密码技术,所使用的密码是否符合要求及其实现是否正确;检测网络边界访问控制信息、系统资源访问控制信息的完整性保护是否采用密码技术,所使用的密码是否符合要求及其实现是否正确;建立安全信息传输通道对网络中的安全设备或安全组件进行集中管理,检测安全信息传输通道是否采用密码技术,所使用的密码是否符合要求及其实现是否正确。

3. 设备和计算测评内容

检测登录用户的身份鉴别是否采用密码技术,所使用的密码是否符合要求及其实现是否正确;检测系统资源访问控制信息、重要信息资源敏感标记、重要程序或文件、日志记录的完整性保护是否采用密码技术,所使用的密码是否符合要求及其实现是否正确。

4. 应用和数据测评内容

检测登录用户的身份鉴别是否采用密码技术,所使用的密码是否符合要求及其实现是否正确;检测系统资源访问控制信息、重要信息资源敏感标记、日志记录的完整性保护是否采用密码技术,所使用的密码是否符合要求及其实现是否正确;检测重要数据在传输和存储过程中的机密性和完整性保护是否采用密码技术,所使用的密码是否符合要求及其实现是否正确;检测重要程序的加载和卸载是否采用密码技术进行安全控制,所使用的密码是否符合要求及其实现是否正确;检测实现实体行为的不可否认是否采用密码技术,所使用的密码是否符合要求及其实现是否正确。

5. 密钥管理测评内容

检测信息系统密钥管理的各个环节和策略制定的全过程是否符合要求,包括密钥生成、存储、分发、导入、导出、使用、备份、恢复、归档与销毁等全生命周期;确认密钥生成、存储、分发、导入、导出等关键环节是否采用了严格有效的安全防护措施,防止密钥被非法获取(泄露)、假冒、篡改等,保证密钥的安全性和正确性。

6.安全管理测评内容

安全管理测评主要针对制度管理、人员管理和建设运行管理三个方面。

制度管理:检查是否制定完备的密码安全管理制度及安全操作规范,是否建立配套的操作规程,是否明确相关管理制度发布流程。

人员管理:确认是否了解并遵守密码相关法律法规,是否能够正确使用密码相关产品,是否设置密码管理和密码技术专业岗位。

建设运行管理:核查在规划阶段,是否依据密码相关标准,制定密码应用方案;检查信息系统投入运行前,责任单位是否进行了密码安全性评估;检查应急预案执行情况,是否有相应的处置记录。

三、商用密码应用安全性评估指标

商用密码应用安全性评估依据密码相关标准开展,相关标准对信息系统商用密码应用安全性评估提出了具体指标。

《信息系统密码应用基本要求》从物理和环境安全、网络和通信安全、设备和计算安全、应用和数据安全、密钥管理以及安全管理六个方面提出密码应用安全性评估指标。实施等级保护的信息系统,商用密码应用安全性评估指标如表11-1所示。

表 11-1　不同安全保护等级信息系统商用密码应用安全性评估指标

评估项目		评估要求			
		一级	二级	三级	四级
物理和环境安全	身份鉴别	可	宜	应	应
	电子门禁记录数据完整性	可	宜	应	应
	视频记录数据完整性	—	—	应	应
	硬件密码模块实现	—	—	—	应
网络和通信安全	身份鉴别	可	宜	应	应
	访问控制信息完整性	可	宜	应	应
	通信数据完整性	可	宜	应	应
	通信数据机密性	可	宜	应	应
	集中管理通道安全	—	—	应	应
	硬件密码模块实现	—	—	—	应
设备和计算安全	身份鉴别	可	宜	应	应
	访问控制信息完整性	可	宜	应	应
	敏感标记的完整性	可	宜	应	应
	日志记录完整性	可	宜	应	应
	远程管理身份鉴别信息机密性	—	宜	应	应
	重要程序或文件完整性	—	—	应	应
	硬件密码模块实现	—	—	—	应
应用和数据安全	身份鉴别	可	宜	应	应
	访问控制	可	宜	应	应
	数据传输安全	可	宜	应	应
	数据存储安全	可	宜	应	应
	日志记录完整性	可	宜	应	应
	重要应用程序的加载和卸载	—	—	应	应
	抗抵赖	—	—	—	应
	硬件密码模块实现	—	—	—	应

续表

评估项目		评估要求			
		一级	二级	三级	四级
密钥管理	生成	应	应	应	应
	存储	应	应	应	应
	使用	应	应	应	应
	分发	—	应	应	应
	导入与导出	—	应	应	应
	备份与恢复	—	应	应	应
	归档	—	—	应	应
	销毁	—	—	应	应
安全管理	制度 — 制定密码安全管理制度	可	宜	应	应
	制度 — 定期修订安全管理制度	可	宜	应	应
	制度 — 明确管理制度发布流程	—	宜	应	应
	制度 — 制度执行过程记录留存	—	—	应	应
	人员 — 遵守密码相关法律法规	应	应	应	应
	人员 — 正确使用密码相关产品	应	应	应	应
	人员 — 设置密码管理和技术岗位	—	可	应	应
	实施 — 规划	可	宜	应	应
	实施 — 建设	可	宜	应	应
	实施 — 运行	可	宜	应	应
	应急 — 按应急预案及时处置	—	应	应	应
	应急 — 及时上报处置情况	—	—	应	应

注:"—"表示该项不做要求;"可"表示可以、允许;"宜"表示推荐、建议;"应"表示应该。

第五部分

商用密码应用案例

第十二章　商用密码在金融和重要领域的应用案例

商用密码已广泛应用到经济发展和社会生产生活的方方面面,涵盖金融和通信、公安、税务、社保、交通、卫生计生、能源、电子政务等重要领域,为维护国家安全、促进经济发展、保护人民群众利益作出了重要贡献。

第一节　金融领域应用案例

一、商用密码在银行业中的应用

(一) 应用背景

银行业是国民经济的重要领域,银行业信息安全是国家信息安全的重要组成部分,密码作为保障信息安全的核心技术,在银行业信息系统得到广泛应用,发挥着重要作用。

作为全球第二大经济体,我国银行业务量呈现爆发式增长,特别是伴随着电子商务的高速发展,银行业务从传统的柜面系统、ATM 机、POS 机等服务渠道拓展到网上银行、手机银行等各种新形式。无论是传统的以柜面业务和 ATM 机、POS 机为主的线下交易,还是以互联网等开放式网络环境为主的网上银行交易,都不同程度地涉及用户资金等敏感信息,在用户身份认证、支付数据的机密性和完整性方面,都需要用密码进行保护。银行服务提供者要保护系统不受网络黑客入侵,防止敏感信息泄露、业务损失或服务中断;保护用户在网络上输入的敏感信息不被盗用,输入的交易资料不被篡改。

因此,银行业务中的密码应用需求主要包括:

(1)正确鉴别用户个人身份及权限。验证用户身份的真实性和合法性,防止非法用户假冒身份进行交易。

(2)保证交易数据的真实性和完整性。防止非法用户对数据进行篡改和删除,防止传送过程中数据丢失。

(3)保证交易数据的机密性。通过对敏感数据加密来保护系统数据交换安全,防止除接收方之外的第三方窃取数据。

(4)确保消息的抗抵赖。防止消息发送者事后否认。

(5)具有完备的密钥管理体系,能够确保用户所使用密钥的全生命周期安全。

(二) 密码应用架构

1. 银行业典型信息系统密码应用

银行业信息系统包括客户服务渠道(无卡渠道和有卡渠道)、银行核心业务系统、银行业中心节点关键系统等,银行业典型信息系统密码应用如图 12-1 所示。

(1)身份认证:使用金融 IC 卡、动态令牌、智能密码钥匙等密码产品实现对客户身份、服务器身份等的认证。

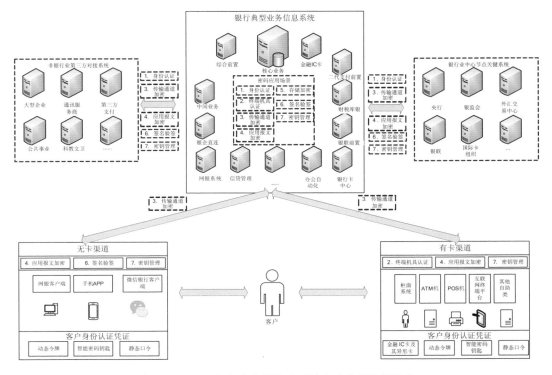

▲　图 12-1　银行业典型信息系统密码应用场景示意

（2）终端机具认证：使用密码技术对柜面终端、ATM 机、POS 机等进行认证。

（3）传输通道加密：使用密码技术建立安全通道，实现终端与银行业务系统间、银行业务系统与非银行业第三方对接系统间、银行业务系统与银行业中心节点关键系统间重要敏感信息的加密传输。

（4）应用报文加密：使用密码技术，实现终端与银行业务系统间报文、银行业务系统与非银行业第三方对接系统间报文、银行业务系统与银行业中心节点关键系统间报文等的加密传输。

（5）存储加密：使用密码技术，实现对系统存储的用户口令、用户隐私信息、重要交易数据等的加密保护。

（6）签名验签：发送方使用密码技术对关键数据进行数字签名，接收方对签名进行验证，用以确认数据完整、身份真实，确保行为不可抵赖。

（7）密钥管理：根据安全策略，对银行信息系统所采用的各种密钥进行全生命周期的安全管理。

2.线下交易密码应用架构

线下交易主要指通过 ATM 机、POS 机等终端完成的交易，其密码应用架构如图 12-2 所示。

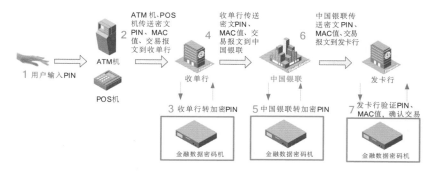

▲ 图 12-2　线下交易密码应用架构

线下交易过程中，商用密码发挥的主要作用为：

（1）保证交易主密钥装载和传输的安全。

（2）提高 IC 卡申请人的各类密钥和敏感信息在发卡过程中的安全性、在核心系统数据库中存储的安全性以及在各种业务系统中使用的安全性。

（3）保证 PIN 在网络传输和验证时始终不以明文形式出现。

（4）保证工作密钥在应用系统交易中始终不以明文形式出现。

3.在线支付密码应用架构

互联网、手机支付等在线支付方式已成为当前支付的主要方式。如图 12-3 所示,以中国银联的"银联在线支付"为例,说明在线支付的密码应用架构。

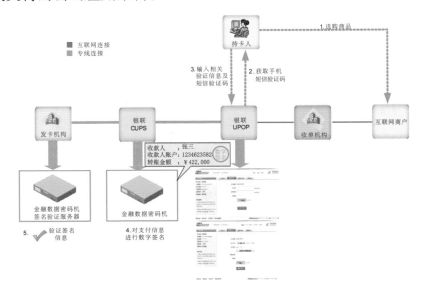

▲　**图 12-3　银联在线支付密码应用示意**

在线支付交易过程中,商用密码发挥的主要作用为:

(1)通过用户与后台系统的双向身份认证,保证交易双方身份的真实性。

(2)保证 PIN 在金融交易过程中始终以密文方式存在,口令无法被预测、监听和窃取。

(3)保证数据在金融交易过程中的完整性。

(4)保证发送方和接收方交易行为的不可抵赖性。

4. 网上银行密码应用架构

网上银行密码应用如图 12-4 所示。

网上银行交易过程中,商用密码发挥的主要作用为:

(1)通过用户与网银系统的双向身份认证,保证交易双方身

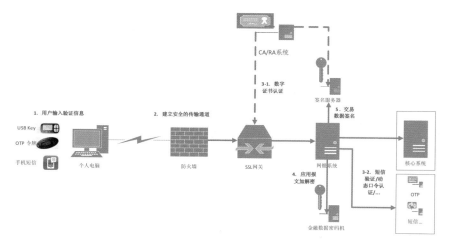

▲　**图 12-4　网上银行密码应用示意**

份的真实性。

（2）保证 PIN 在金融交易过程中始终以密文方式存在。

（3）保证用户与网银系统之间信息的机密性和完整性。

（4）保证数据在金融交易过程中的完整性。

（5）保证发送方和接收方交易行为的不可抵赖性。

（三）应用成效

随着密码产业支撑能力的不断增强,商用密码在银行业的应用越来越深入,越来越广泛。近年来,银行业各项交易业务,包括线下交易、网银交易、跨行交易等都不断刷新历史交易规模。商用密码在这些业务和系统中得到了系统应用,有效遏制了银行卡伪造、网上交易身份仿冒等违法犯罪活动,显著提升了敏感信息和交易数据的安全防护能力,有力保障了金融信息安全和金融系统安全稳定运行,保护了公民个人隐私和金融财产安全。

为了适应网络安全新形势和银行业务新需求,中国人民银行、国家密码管理局会同有关部门进一步加强和规范银行业密码应用,建立商用密码与银行业务全面融合的技术体系和标准体系,指导银行业信息系统合规正确使用商用密码,提高银行业务系统的安全防护能力。截至 2017 年上半年,银行业商用密码芯片供货量超过 1.02 亿片,超过 600 万台 POS 机和近 50 万台 ATM 机完成了密码应用升级改造,多家银行的业务系统和跨行交易系统完成密码应用改造,安全防护能力显著提高。随着金融支付与民生领域的融合,商用密码通过金融领域逐渐向交通、社保、医疗等多个领域辐射,为行业互联互通和网络信息安全提供了核心基础支撑。

二、商用密码在非银行支付中的应用

(一) 应用背景

中国人民银行发布的《2017 年第二季度支付体系运行总体情况》报告显示,2017 年第二季度银行电子支付总金额为 545.58 万亿元,同比减少 25.37 万亿元,以支付宝、微信支付为代表的非银行支付大幅增长 35%。非银行支付在社会生活中发挥越来越重要的作用。

非银行支付业务的蓬勃发展,带来了一系列安全问题:一是客户身份识别机制不够完善,为欺诈、套现、洗钱等提供了可乘之机;二是风险应对能力相对较弱,在客户资金安全和信息安全保障机制等方面存在欠缺;三是交易数据的机密性、完整性、抗抵赖性等安全保障手段不足。

为贯彻执行金融领域密码应用指导意见,保障用户交易和资金安全,中国人民银行发布了非银行支付机构数字证书应用要求,规定支付机构采用数字证书、电子签名作为验证要素的,数字证书及生成电子签名的过程应符合《电子签名法》《金融电子认证规范》以及国家密码管理部门的有关规定,确保数字证书的唯一性、签名数据的完整性及交易行为的不可抵赖性。同时,对于个人客户使用支付账户余额付款的交易进行限额管理:支付机构采用不包括数字证书、电子签名在内的两类(含)以上有效要素进行验证的交易,单个客户所有支付账户单日累计金额应不超过5000元。

随着技术发展和移动端电子商务需求的迅速增长,单笔购物5000元以上的比例已大为增加。据统计,阿里平台上航旅类交易大于5000元的笔数日均占比达70%;综合淘宝、天猫各类购物场景,每日5000元以上交易已超过10万笔,笔数总占比超过10%。基于商用密码的安全防护已成为保障非银行支付业务正常、安全、合法进行的必然要求。

（二）密码应用总体架构

非银行支付业务中的密码应用以数字证书为基础,在支付交易环节新增PKI/CA数字证书认证方案,将用户交易签名作为交易系统判断交易合法的主要因素。非银行支付业务密码应用如图12-5所示。

在非银行支付密码应用场景中,非银行支付系统由支付客户端和支付平台两部分组成,支付客户端包括交易模块和安全模块,支付平台包括交易系统和安全管理系统。支付客户端完成数字证书申请、密钥存储以及交易数据签名等功能;支付平台交易系统完成支付业务处理流程;安全管理系统完成用户身份认证、密钥管

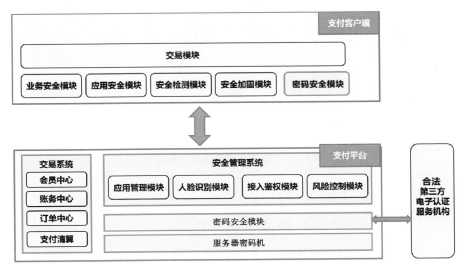

▲　图 12-5　非银行支付业务密码应用示意

理、交易数据验签等功能；第三方电子认证服务机构提供基于商用密码的数字证书认证服务。

　　数字证书来源于合法的第三方电子认证服务机构，数字证书的发放和使用均保证实名，涉及的密码产品均通过审批。密钥存储、密钥运算均采用防护手段，提高了密钥在终端设备存储和运算期间的安全性，避免了恶意攻击者通过非法使用用户数字证书，仿冒用户操作的攻击行为。

　　非银行支付过程密码应用如图 12-6 所示。

　　1. 数字证书申请流程

　　手机支付客户端提示实名客户开通数字证书业务，客户申请数字证书时，首先需要通过人脸识别等技术手段进行身份核实，通过身份核实后，手机客户端调用密码模块生成密钥对，并由合法的第三方电子认证服务机构颁发数字证书，完成用户实名数字证书

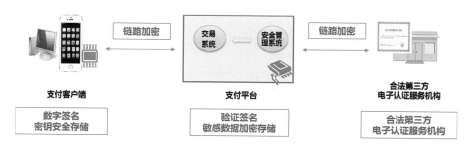

▲ 图 12-6 非银行支付过程密码应用示意

的申请和安装。

2. 数字证书使用流程（交易数据签名）

个人客户当日使用余额支付累计超过 5000 元额度时，输入支付口令确认交易后，客户端调用用户签名私钥对交易报文进行数字签名，服务端在验证签名真实有效的情况下进行交易支付，同时将个人客户交易报文签名数据保存备查。

（三）应用成效

商用密码在非银行支付业务中的应用，显著提升了交易数据的安全防护能力，有效地解决了用户因缺少安全认证方式导致的支付限额问题，很好地兼顾了用户体验，极大地促进了非银行支付产业的快速发展。比如，2016 年，支付宝系统在线交易笔数已超过全球第二大信用卡支付机构万事达。为加强交易安全，支付宝开始推广数字证书应用。截至 2017 年 8 月，支付宝系统已累计发放证书近 7000 万张，日均使用数字证书的用户近 100 万人，日均基于数字证书实现交易验证量近 150 万笔。

从国家金融监管、业务安全的角度来看，商用密码技术与非银行支付业务的融合，促进了非银行支付业务的安全、健康发展，商用密码成为非银行支付业务安全的重要组成部分。

三、商用密码在电子保单中的应用

(一) 应用背景

我国网络保险始于 1997 年,前期主要采用网上投保、网下送单的电子商务应用模式,该模式存在业务流程复杂、承保周期长等弊端,制约保险行业电子商务的发展。随着互联网和信息技术的发展,互联网线上交易逐渐在保险行业普及,客户购买保险不再仅依赖于传统保险办理模式,电子保单已成为重要途径。在《电子签名法》颁布之前,由于无法解决网络身份认证问题,各保险公司仅实现了网上提交投保信息,无法实现投保、核保、理赔全流程网上服务。《电子签名法》的颁布,有效解决了网络身份认证和电子签名合法性问题,电子单证的合法性和有效性得到法律认可,为电子商务的发展提供了重要的制度保障,各家保险公司纷纷推出电子保单业务。

(二) 密码应用总体架构

电子保单是保险公司借助电子签名技术和数字证书为客户签发的具有法律效力的电子化保单,实现网上投保、在线支付、网上核保和电子保单发送等全流程的电子化。为了保证投保行为是投保人的真实意愿,不存在骗保和强迫等现象,保险公司将用户投保过程中的声音、图像、签字等信息采用数字签名和加密技术进行存储,作为后续责任鉴定的有效证据。

目前,国内保险公司主要采用网销平台与电子保单平台对接的方式完成电子保单相关业务,保单的生成、模板管理、数字签名、印章加盖都在电子保单平台完成。电子保单及办理过程中的相关证据信息均存储在影像管理平台之中。电子保单系统密码应用如图 12-7 所示。

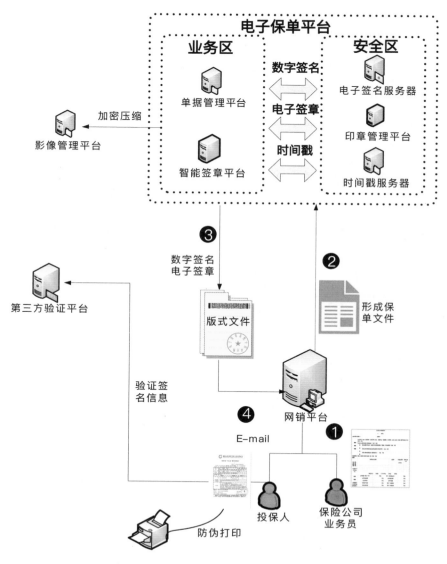

▲ **图 12-7　电子保单系统密码应用示意**

电子保单办理环节密码应用如图 12-8 所示。

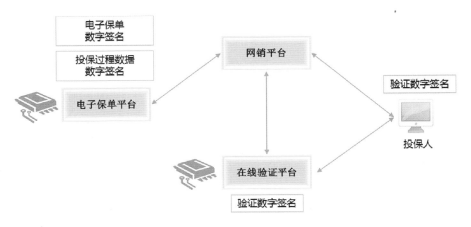

▲　**图 12-8　电子保单办理环节密码应用示意**

1. 业务办理环节

（1）客户或业务员通过保险公司网站，登录网销平台选择投保险种并填写投保资料。

（2）电子保单平台根据用户信息生成原始电子保单。

（3）采用数字证书对电子保单进行数字签名并加盖电子印章，将带签名的电子保单返回网销平台。

（4）用户通过网销平台下载最终带数字签名的电子保单。

2. 保单合法性验证

投保人在获取电子保单后，通过在线或者离线的方式验证电子保单的合法性。在线方式由投保人登录保险公司提供的在线验证平台，提供电子保单信息，在线验证平台进行电子印章和数字签名的验证，向投保人提供保单是否真实、可信的结论；离线方式由投保人通过版式文件自带的数字签名验证功能完成验证。

3. 业务归档环节

业务办理完成后,保险公司将投保人在整个交易过程中的相关信息(如身份证件信息、图像信息、声音指纹信息、签名信息)与电子保单文件结合,进行数字签名和加密处理后存储归档,保障电子档案具有法律效力,以便日后进行调阅。电子保单归档环节密码应用如图 12-9 所示。

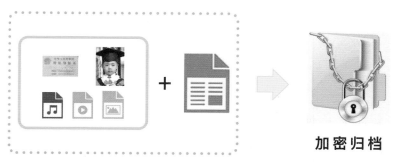

加密归档

▲　**图 12-9　电子保单归档环节密码应用示意**

(三) 应用成效

中国保险行业协会发布的《2016 中国互联网保险行业发展报告》显示,"十二五"时期,我国互联网保险呈现快速发展势头,互联网保费规模增长约七十倍,在总保费所占比重由百分之零点几攀升至将近百分之十。截至 2016 年 3 月,使用互联网保险服务的用户已超过 3 亿,同比增长超 40%。

电子保单采用密码技术实现了保险业务过程各类电子单证的合法性。通过网上出单,省去了保险单证印刷、发放、机构盖章等环节,简化了保险公司内部管理流程,降低了复杂的交互环节可能引起的操作风险,降低了保险企业的营运费用,提升了投保用户使用体验,提高了保险公司营销效率。

四、商用密码在网上证券中的应用

(一) 应用背景

互联网和电子商务技术的发展,为包括证券业在内的各行业带来了崭新的发展机遇。网上证券极大地推动了证券市场的发展与繁荣,同时也带来了风险和挑战。2000 年 4 月,证监会颁布了《网上证券委托暂行管理办法》,加强网上证券交易的规范性。

自 2005 年 1 月起,我国新股发行实行询价制度,新股发行分为网上与网下两部分,网上发行承担着市场化定价的功能,网下发行的组织与效率直接影响到我国股票发行制度改革的效果。

2006 年 10 月,深圳证券交易所和中国证券登记结算有限责任公司深圳分公司开始研究并制定网下发行电子化解决方案,提出:由深圳证券交易所建立基于互联网的网下发行电子平台,即 EIPO 平台,主承销商通过该平台组织网下发行,投资者通过该平台参与网下发行,网下发行后台处理系统负责备案银行账户审核、资金收付、有效资金处理、清算交收与新股初始登记。

EIPO 平台为主承销商和投资者提供了便利,推进了各项业务的快速开展。然而互联网技术的应用在降低证券公司经营成本、提升业务办理效率的同时,也存在以下安全风险:

(1)传统"账号+口令"的认证方式,安全级别不高,存在安全隐患,极容易被破解和窃取。

(2)网络传输的数据处于明文状态,没有进行加密处理,容易被非法人员窃取和篡改。

(3)网上业务的各类流程、文件、资金信息等内容的真实性、完整性难以保证,操作者各类操作、签署的文件等的法律效力和责任难以认定。

(二) 密码应用总体架构

密码技术可以为 EIPO 平台用户身份的真实性,数据的真实性、完整性与机密性,操作的抗抵赖性提供有效安全支撑,为证券交易的安全与可控保驾护航。

证券交易所业务系统主要基于数字证书体系,其密码应用如图 12-10 所示。证券交易所数字证书认证中心在验证主承销商和投资者真实身份后,为其颁发数字证书,保证主承销商和投资者网上身份可信,防止身份假冒。借助于数字签名技术,确保首次公开发行(IPO)的发布流程中的各类文件真实有效、资金操作安全。同时,通过加密,保护各类业务数据、文件、资金信息在网上传输的

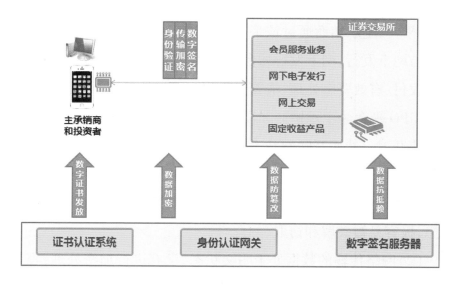

▲ **图 12-10 证券交易所业务系统密码应用示意**

机密性和完整性,防止非法窃取和篡改。

网下发行电子化业务流程中与数字签名有关的环节如图 12-11 所示。

▲ **图 12-11　数字签名在网下发行电子化业务流程中的应用示意**

在 EIPO 平台中,商用密码发挥的主要作用为:

1. 主承销商和投资者的身份验证

主承销商和投资者使用证券交易所数字证书认证中心为其颁发的数字证书进行系统登录,EIPO 平台进行身份验证,只有对应 EIPO 平台合法身份的数字证书用户才能进入 EIPO 平台办理各项业务。

2.业务操作、文件、数据的真实性和完整性保护

在 IPO 发布流程中的刊登招股意向书、刊登发行公告、网下初步配售等环节,涉及签署的各类文件以及资金交易都需要参与者使用自己的签名私钥进行数字签名,通过签名验证确保参与者身份可信和流程、文件等的完整、真实、有效。

3.业务办理过程的数据保护

EIPO 平台全程使用了双向身份认证,参与者和 EIPO 平台服务端都需要有合法可信的数字证书方可通信,通过传输加密保证参与者与 EIPO 平台之间传输的各类文件、数据的机密性和完整性,确保数据不被非法窃取和非法篡改。

（三）应用成效

新股网下发行市场参与方使用 EIPO 平台可以大幅度地提高网下发行的效率,有效避免新股申购过程中资金大规模跨行流动可能引发的金融风险,并最大限度地实现资源共享。平台采用数字证书,实现业务操作电子化,采用数字签名技术,解决了网上业务的法律效力问题,大大提高了办理效率、节省了成本。商用密码为证券业务正常、有序开展提供了有力的安全保障。

第二节　基础信息网络应用案例

一、商用密码在移动通信领域中的应用

（一）应用背景

移动通信业务是以移动用户为服务对象的无线电通信业务,

移动通信实现移动体之间、移动体与固定点之间的通信。移动通信系统从 20 世纪 80 年代诞生以来，先后出现了第一代模拟移动通信系统（1G）、第二代数字移动通信系统（2G）、第三代多媒体移动通信系统（3G）、第四代多功能集成宽带移动通信系统（4G），以及目前正处于研究阶段的第五代移动通信系统（5G），移动通信网络已成为我国电信网络的重要组成部分。

当前应用最为普及的是 4G 移动通信系统，其面临的安全威胁主要集中在无线链路空中接口、核心网络设备节点、移动终端设备及终端用户等方面，存在非法网络接入、通信数据泄露、伪基站等安全风险。

2011 年，国际组织 3GPP 将我国 ZUC 算法纳入新一代宽带无线移动通信系统（4G LTE）国际标准，实现移动通信设备空中接口加密和完整性保护，这是我国密码算法首次成为国际标准。

VoLTE（Voice over LTE）是一种 IP 数据传输技术，承载于 4G 网络，提供高质量的音视频通话。基于商用密码技术的 VoLTE 加密语音系统通过身份认证、数据加密等功能提供端到端加密移动通信服务。

（二）密码应用架构

1. LTE 移动通信系统密码应用架构

LTE 移动通信系统密码应用体系从网络接入域安全（Ⅰ）、网络域安全（Ⅱ）、用户域安全（Ⅲ）、应用域安全（Ⅳ）四个方面保障网络接入安全、核心网通信安全及用户身份安全，如图 12-12 所示。

（1）网络接入域安全（Ⅰ）。利用密码技术提供身份认证与密钥协商（AKA）、空中接口加密以及完整性保护，解决用户网络接

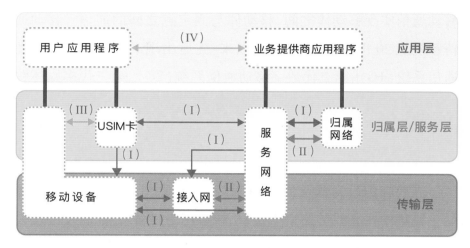

▲ 图 12-12　LTE 网络接口逻辑分层示意①

入的空中接口安全问题,实现接入网络与用户之间的双向身份认证、控制信令和用户数据的加密、控制信令完整性保护、用户身份信息机密性和移动设备认证等安全功能,确保移动用户安全接入移动通信网络,防止无线链路攻击。网络接入的空中接口加密和完整性保护通过 ZUC 算法实现。

(2)网络域安全(II)。通过采用事务能力应用(TCAP)安全机制、GTP 信令保护机制、基站/移动管理实体/服务网关之间的信令保护机制,解决核心 IP 网设备节点间信令交换的安全问题。实现信令实体的身份认证、数据加密和数据完整性保护等安全功能,确保核心 IP 网设备节点能够安全交换信令数据,防范外部 IP 网络攻击。

(3)用户域安全(III)。利用 USIM 卡的个人识别码(PIN)机

---

①　引自 3GPP 文件 3GPP TS 33. 401 V8, *Technical Specification Group Services and System Aspects*; *3GPP System Architecture Evolution*(*SAE*); *Security Architecture*。

制、USIM 卡认证机制及安全传输保护机制,实现 USIM 卡对用户的认证和终端对 USIM 卡的认证等安全功能,防止非法用户使用移动终端。

(4)应用域安全(Ⅳ)。解决 USIM 卡应用安全问题,实现用户数据加密等安全功能,保护用户应用数据与业务服务数据的交换安全。

2. VoLTE 密码应用架构

VoLTE 加密语音系统通过密钥在线/离线初始化、通信终端认证、密钥协商和语音加密等环节实现终端身份认证和语音通信数据保护。VoLTE 加密语音系统密码应用总体架构如图 12-13 所示。

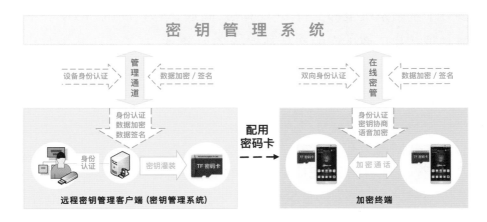

▲　**图 12-13　VoLTE 加密语音系统密码应用总体架构**

(1)密钥在线/离线灌装。密钥管理系统使用商用密码算法和协议完成密钥离线灌装和在线密钥管理功能。在进行密钥灌装①

①　密钥灌装:在此应用场景中是指加密模块初始化用户主密钥或终端主密钥的离线下载过程。

时,采用SM2/SM3/SM4等密码算法建立安全通道,并对密钥管理系统、管理客户端、密码卡进行身份认证,对灌装数据进行加密和签名,防止密钥灌装数据被窃取和篡改。

(2)VoLTE语音通信加密。VoLTE加密终端之间通过内置含有SM2/SM3/SM4密码算法的密码模块进行身份鉴别并协商密钥,实现一话一密功能;使用ZUC算法对VoLTE语音数据进行加密保护。

（三） 应用成效

4G通信技术大规模商用以来,ZUC算法在移动通信领域得到广泛应用。中国移动、中国电信、中国联通三大运营商建设的300多万个基站系统全部支持ZUC算法,高通、华为、展讯、MTK等主流基带芯片厂商生产的产品都支持ZUC算法,基于这些基带芯片生产的数亿部移动智能手机默认支持ZUC算法。

商用密码在VoLTE加密语音系统的应用,进一步提升了我国移动通信安全能力。

二、商用密码在广播电视中的应用

（一） 应用背景

随着媒体融合、宽带中国等国家战略的持续推进,数字化、网络化、信息化已成为广播电视行业发展的大势所趋,各种先进的信息技术正在改变传统广播电视行业,广播电视节目制作、播出、传输、服务的模式更加多样化,用户可以通过电视、手机、平板电脑、PC等多种终端设备随时随地接收丰富的广播电视节目。

在广播电视节目制作播出过程中,为保障播出安全,需要保证系统使用者身份的真实性、节目文件和数据不被篡改;在节目分发传输过程中,为保护电台、电视台等节目制作机构和网络运营商等节目传输服务机构的合法权益,需要保护节目内容的版权,保护节目在分发传输和收听收看全流程的机密性,防止盗版行为。在此背景下,密码技术的使用可以有效满足广播电视行业在身份认证、数据防篡改、数据机密性等方面的要求,对保障广播电视行业安全具有重要的意义和影响。

当前,超高清节目制作播出已成为广电行业新的增长点,超高清节目制作成本高,分发传输需要占用更大带宽,为保护节目制作播出和传输服务机构的合法权益,迫切需要采用数字版权保护等技术手段保护超高清节目版权,切实维护各方合法权益。

（二）数字版权保护密码应用总体架构

数字版权保护是对节目制作、播出、分发和接收各环节的版权保护,确保节目内容在整个生命周期的安全,防止盗版等损害产业链各方利益的行为。数字版权保护系统以商用密码为基础,以加密技术、数字证书技术、授权技术为核心,保护节目内容在传输和播出过程中的机密性、完整性。数字版权保护密码应用如图12-14 所示。

服务端生成节目内容加密密钥,对节目内容进行加密;用户通过客户端观看节目时,只能接收到加密后的节目内容,用户需要从服务端申请许可证,按照许可证使用规则,使用密钥解密节目后才能正常观看。

商用密码在数字版权保护系统中主要应用于内容加密、证书管理、许可证授权三个环节。

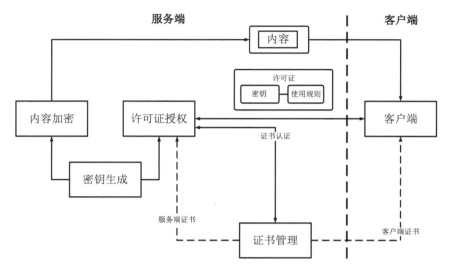

▲ **图 12-14 数字版权保护密码应用示意**

1. 内容加密

服务端在播出节目时,需要采用商用密码技术对节目内容进行加密,只有加密后的节目内容才允许播出或上线。

2. 证书管理

为确保用户的合法身份,需要建立证书管理系统,为服务端和客户端提供数字证书,服务端通过客户端的数字证书验证客户端的合法性。

3. 许可证授权

客户端在播放节目之前,需要从服务端的许可证授权系统申请播放节目用的许可证,许可证授权系统确认客户端身份的合法性后,将节目内容加密密钥用客户端数字证书加密后封装成许可证发送给客户端,确保只有该客户端可以用其私钥解密许可证获得节目内容加密密钥。

（三）应用成效

密码技术已成为保障广播电视安全的基础核心技术,在版权保护等方面提供了可靠的技术支撑。目前,广电行业正在部署基于商用密码的超高清节目数字版权保护系统。随着广播电视信息安全水平的整体提升,商用密码将会得到更为广泛的应用。

三、商用密码在视频监控系统中的应用

（一）应用背景

随着我国经济社会的快速发展,社会安全形势面临诸多挑战,积极建设以视频监控系统为核心的公共安全技术防范系统已成为保障国家安全和社会安全的重要技术手段之一。"棱镜门"事件给我国公共视频监控系统的安全应用敲响了警钟,违法者可以通过篡改视频数据逃避法律制裁,更有甚者,将伪造摄像机安装在特定位置,非法获取信息或提供虚假信息。综合来看,视频监控系统的安全需求主要有:

1. 用户及设备身份认证需求

视频监控建在公共场所,入侵者可能伪造成视频监控前端设备、视频监控管理平台或者用户接入视频监控系统,非法访问或者窃取视频内容,因此,视频监控前端设备和管理平台之间、用户和管理平台之间需要进行身份认证,确保双方的身份不被伪造。

2. 信令和视频数据的完整性需求

攻击者通过篡改视频监控系统中的信令数据,可以控制视频前端设备,非法采集视频,或者可以破坏视频传输过程,导致视频播放等功能失败;通过篡改视频监控系统中的视频数据,可以改变

视频的内容,误导用户或者有目的地制造舆论。因此,信令和视频数据具有完整性需求。

3. 视频数据来源的可追溯性需求

视频监控前端设备拍摄的视频内容或者其中的关键图片内容经常会成为记录该前端设备覆盖地域范围内一些事件甚至违法犯罪案件的关键内容,因此,视频数据来源具有可追溯性需求。

4. 视频数据的机密性需求

视频监控前端设备与管理平台之间、管理平台与用户之间交互视频数据时,视频数据很容易被截获或窃取,导致关键或者敏感视频内容的泄露,因此,视频数据具有机密性需求。

密码技术是解决上述安全需求的基础,利用对称和非对称密码算法,以安全芯片、安全 TF 卡、智能密码钥匙、密码卡、密码机等密码产品为安全载体,可以实现视频监控前端设备与管理平台间的双向身份认证、基于数字证书的用户身份认证、视频签名应用、视频加密应用,从而防止设备和用户的非法接入,防止信令和视频数据被篡改、抵赖,防止视频内容被窃取。

(二) 密码应用总体架构

视频监控系统采用密码技术保障视频信息生成、流转、应用和存储的安全性,其密码应用总体架构如图 12-15 所示。

在视频监控应用过程中,针对视频应用场景,为管理用户签发数字证书,利用非对称密码算法实现用户身份认证,保证只有合法用户能够查看、调用视频。

在摄像机等视频前端设备中植入数字证书,利用非对称密码算法实现视频签名,利用对称密码算法对视频前端设备采集的视

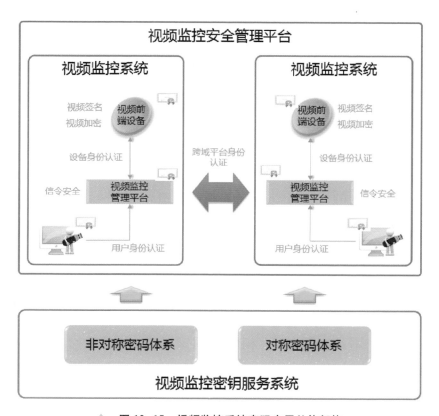

▲　**图 12-15　视频监控系统密码应用总体架构**

频数据进行加密后传输至视频监控管理平台,从而保证视频内容
的真实性、完整性和机密性。

在视频传输过程中,基于数字证书利用非对称密码算法实现
视频前端设备和管理平台的双向身份认证,同时利用杂凑算法保
证视频信令的完整性。

在跨区域视频调用时,利用非对称密码算法实现视频监控
管理平台间的双向身份认证,确保只有合法用户才能观看视频
信息。

视频监控系统密码应用如图 12-16 所示。

▲ 图 12-16 视频监控系统密码应用示意

（三）应用成效

目前,全国大部分大中城市都完成了视频监控系统和监控报警平台的建设,显著提升了公安机关维护国家安全和社会稳定的能力、社会治安管理能力、突发事件处置能力和公安机关执法水平。

基于密码技术的公共安全视频监控联网信息安全体系正处于建设发展期,目前已有部分城市视频监控系统在用户认证、访问控制等方面采用了密码技术,相应的国家标准《公共安全视频监控联网信息安全技术要求》正在抓紧制订。可以预见,商用密码在视频监控系统中的应用将产生显著的安全效益和社会效益。

第三节　重要信息系统应用案例

一、商用密码在税务领域中的应用

（一）应用背景

1994 年,我国开始实施以增值税为主体税种、以专用发票为主要扣税凭证的增值税征管制度。改制初期,增值税发票只采用了类似人民币物理防伪的方法,发票上的信息内容没有加密防伪手段,出现了不法分子开具假票、大头小尾（阴阳票）等偷逃国家税款的行为,造成国家税款的流失。

为了保证应纳税款的足额征收,防范违法犯罪活动,国家决定在纸质专用发票物理防伪的基础上,引入现代信息技术手段强化增值税征收管理,组织有关部门研制了增值税防伪税控系统。该系统以密码技术为基础,对发票明细、发票汇总信息和票面关键信息采用了一次一密的加密方法和信息传输加密、终端安全认证、卡对卡的加解密等安全措施,保证涉税信息的机密性、完整性、真实性和不可否认性。2013 年以后,增加了增值税发票全票面信息的数字签名和加密传输,增值税发票上任何信息的改动都会导致增值税发票查验失败,从而遏制增值税犯罪,减少税款流失。

（二）密码应用总体架构

防伪税控系统采用经国家批准的税控专用算法,采用分组密码和公钥密码相结合的密码体制。增值税发票要素经加密算法进行加密,并且把密文打印在发票上的密码区,在税额抵扣环节对密文进行解密,解密后的发票要素与发票明文进行比对,从而确定该发票的明文信息是否真实(即未被篡改),如果比对后没有通过,则税额不能抵扣。图 12-17、图 12-18 分别是增值税专用发票样张和防伪税控发票加、解密应用示意图。发票右侧密码区的四个二维码存储了发票加密后的密文信息。

防伪税控系统核心业务的全过程,都使用了密码技术。

1. 设备发行

企业首次使用防伪税控系统前,需要到税务部门初始化专用设备,将系统所需密钥以及企业和设备的关键信息写入税控专用设备,并制作税务数字证书,为后续提供密码服务做准备。

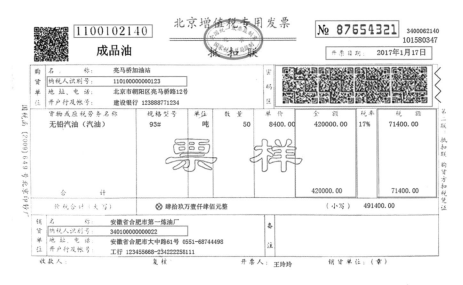

▲ **图 12-17 增值税专用发票样张**

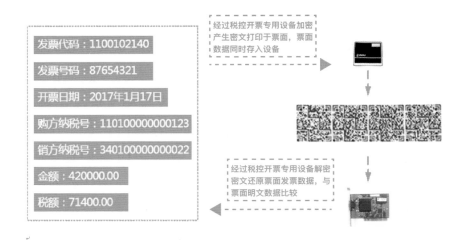

▲ **图 12-18 防伪税控发票加、解密应用示意**

2. 发票发售

设备发行后,企业需要购买增值税专用发票。一是从税务部门领用核定的纸质发票;二是税务部门把与纸质发票对应的发票电子信息通过税务部门客户端专用设备加密后,以密文方式写入企业专用设备,在企业专用设备内部解密还原。

3. 发票开具

销方企业给购方企业开具增值税专用发票,发票信息打印在发票上,并传送到专用设备里进行处理和加密,把生成的密文传回打印在发票的密文区,同时对发票全票面信息进行数字签名,加密传输到系统后台,开具后的发票如图 12-17 所示。

4. 企业报税

企业通过税控专用设备把当期发票使用情况进行汇总,连同当期发票明细一起打包加密后,报送到税务局,经税务局客户端专用设备解密,还原出正确数据。

5. 发票认证

发票抵扣联经扫描仪扫描识别后,获得发票内容明文和密文,密文经税务局专用设备解密后,还原出发票要素,再和发票明文相关项进行逐一比对,如不一致,即认为该发票有作假嫌疑,进入发票协查系统进行疑点发票协查。比对一致后方能准予抵扣税款。

（三）应用成效

防伪税控系统应用后,以篡改发票票面信息进行骗税的行为得到有效遏制。

2011 年,国家决定营业税改征增值税,到 2016 年,"营改增"全面完成,原营业税户的大量企业也开始使用防伪税控系统,这既是国家税制改革的需要,同时也是对防伪税控系统控税能力和效果的肯定。截至 2017 年 8 月底,防伪税控系统用户数量已达 1448 万户。

防伪税控系统在我国增值税发展的历程中,起到了保驾护航的重要作用。增值税发票防伪税控系统仅在 1996 年投入使用当年,即为国家挽回税收损失 700 亿元。在系统推广使用的前几年,有行业分析机构保守估算,该系统每年为国家税收贡献在 1000 亿元以上,20 年来税收累计贡献数万亿元,被誉为增值税的安全卫士和打击增值税犯罪的强力武器。

二、商用密码在社会保障卡工程中的应用

(一) 应用背景

随着市场经济的不断发展,我国亟须建立一个统一、规范和完善的社会保障体系,覆盖就业服务、职业技能培训和鉴定、劳动合同管理、工资收入管理、养老保险、失业保险、医疗保险、工伤保险、生育保险,以及劳动与社会保险争议等各方面应用,支持全面的社会化服务。20 世纪 90 年代,我国医疗保险制度改革不断深入,社会统筹与个人账户相结合的城镇职工基本医疗保险制度逐步建立起来,涉及筹资、分配、服务、付费等各个环节,需要合理确定保险给付范围和支付方式,这些都对系统信息化提出了更高要求。

在社会保障体系的建立过程中,前期主要使用传统纸质凭证为信息载体,需要手工完成信息录入等工作,工作量很大,在实现社会保障业务异地处理时,更是难上加难:一是难以识别参保人在社会保障各项业务中的合法身份;二是无法保证业务数据的真实性和准确性。

1998 年,原劳动和社会保障部提出了以中心城市资源数据库为上层信息交换平台、以单位和个人持有的社会保障 IC 卡为底层

信息交换介质的总体构想,开始进行人力资源和社会保障领域的 IC 卡工程建设应用规划,社会保障卡工程逐步走向标准化、规范化。截至 2017 年,社会保障卡发行、管理、应用工作已在我国全面铺开,在社会保障体系及政府公共服务领域中扮演着重要角色。社会保障卡中个人敏感信息的安全存储及传输至关重要,因此,需要采用密码技术实现身份识别、权限控制、数据加密等安全机制,识别持卡人在人力资源和社会保障各项业务中的合法身份,并生成办理劳动保障业务的电子凭证。

(二) 密码应用总体架构

人力资源和社会保障业务应用系统,旨在实现社会保障卡在全国范围内跨业务、跨地区的应用,以社会保障卡持卡人员基础信息库(以下简称"持卡库")和社会保障卡密钥管理系统为后台,与各级、各类用卡相关的本地业务系统、异地业务系统实时对接,支撑全社保领域基础信息共享、业务协同和异地业务受理,实现一卡多用、跨地区通用。

如图 12-19 所示,人力资源和社会保障业务系统密码应用架构分为两大体系:一套体系是以密钥管理系统为核心的制发卡体系;另一套体系是社会保障卡访问业务系统的认证服务体系。2017 年开始试点实施的第三代社会保障卡,使用经国家密码管理部门认可的算法,进一步提升了社会保障卡应用的安全水平。

1. 制发卡体系

制发卡体系的核心为密钥管理系统,主要负责各类密钥的生成、存储与分发。密钥管理系统中的密钥按密钥类型、应用类型和交易种类进行定义,并通过分散变化等机制进行分级管理,避免单

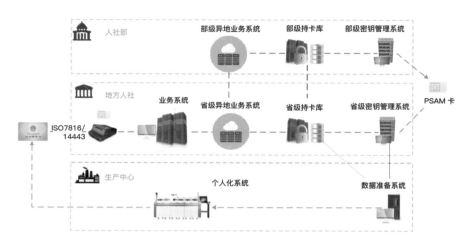

▲ 图 12-19 人力资源和社会保障业务系统密码应用架构

个密钥被攻破之后影响整个系统的密钥安全。

　　密钥管理系统在制发卡过程中,负责将密钥分发至两类卡内。一方面,根据需求将密钥导入对应的 PSAM 卡(安全访问模块)内,然后将 PSAM 卡下发到指定的省、市人力资源和社会保障部门,并安装到授权的读写设备内,为后续业务应用提供密码运算功能;另一方面,经社会保障卡个人化中心或初始化中心等生产环境,将分散后的密钥导入社会保障卡内,然后发放到持卡人手中。

　　2. 业务体系

　　业务体系分为业务前端和后台系统。其中业务前端指社会保障卡的受理环境,包括社会保障卡和读写终端;后台系统指支撑业务应用的系统合集,包括持卡库、业务系统和异地业务系统等。

　　当业务系统受理社会保障卡时,需要将社会保障卡置入安装了 PSAM 卡的读写终端内,后者依据全国统一的社会保障卡用卡流程标准,经过社会保障系统环境选择、算法环境选择、内部认证

（卡有效性检查）、PIN 校验及卡鉴权等环节，开展具体用卡操作流程。业务流程中涉及的卡鉴权及外部认证、安全报文认证、消费交易认证、消费交易结算验证等认证服务，由社会保障卡与读写终端内的 PSAM 卡进行交互，采用商用密码算法完成。

后台各系统之间设置了通信密钥，由采用人力资源和社会保障部电子认证系统颁发数字证书，通过身份认证、数据加密、凭证签名等机制，保护通信传输安全和交易数据的有效性和合法性。

（三）应用成效

1999 年，第一张社会保障卡发行。截至 2017 年 8 月底，符合全国统一标准的社会保障卡持卡人数达 10.33 亿，覆盖全国74.7%的人口，其中省份覆盖率100%，地市覆盖率99.2%，商用密码在人力资源和社会保障领域得到了广泛的推广和应用。

目前，社会保障卡在人力资源和社会保障领域已有102 项典型应用，全国平均开通率超过80%，其中山西、江苏、安徽、福建、湖北、湖南、广东等省份已经开通全部应用，预计 2017 年年底在全国范围内将全部开通。跨省异地就医结算系统同步接入全国社保系统，真正实现跨省异地就医联网结算全覆盖。

2017 年 9 月 1 日，全国首批第三代社会保障卡在湖北武汉启动发放，标志着全国第三代社会保障卡建设工作正式启动，商用密码算法将在第三代社会保障卡中普遍应用。根据国家"十三五"规划，2020 年社会保障卡将覆盖90%以上人口，最终实现人手一卡，为持卡人"记录一生、保障一生、服务一生"。

三、商用密码在交通一卡通系统中的应用

(一) 应用背景

伴随着城市化建设、区域经济融合和综合交通运输一体化进程加快,交通一卡通的跨区域互联互通已成为推进城际交通与城市交通对接融合、增强区域快速通行能力的重要载体。交通智能卡的支付范围也由市内交通拓展至城际公路客运、城际轨道等领域,为公众提供统一、便捷、舒适、安全的支付环境,方便大众出行。与此同时,安全风险不断出现,例如 IC 卡被破解、被伪造,卡片的非授权使用,交易报文被泄露、被篡改、被重放攻击,交易终端设备被破解、被伪造,交易敏感信息被非法窃取、出现交易抵赖等。

2016 年,交通运输部在《交通运输信息化"十三五"发展规划》中明确提出,2020 年要实现"统一协调的行业信息安全认证体系基本建成"。同年,交通运输部印发《交通运输行业重要业务领域密码应用推进总体规划》,推进商用密码算法在交通运输行业的应用,夯实交通运输行业信息安全的基石,实现交通运输行业信息安全的自主可控。

(二) 密码应用总体架构

如图 12-20 所示,交通一卡通系统由交通运输部密管中心、省密钥管理系统、数据准备系统、密码产品等组成,实现卡片数据、密钥发行和管理等功能,使用对称、非对称密码算法和数字证书等技术,控制发卡环节和交易环节的安全风险。

1. 发卡环节安全处置

在交通运输部交通一卡通系统标准中,卡片采用电子现金与

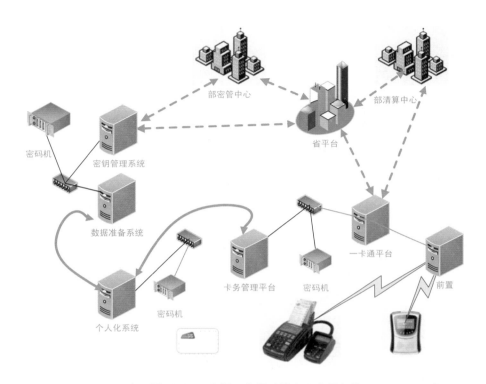

▲　**图 12-20　交通一卡通系统密码应用架构**

电子钱包相结合的形式。因此,交通一卡通系统中的密钥系统与早期密钥系统有所不同,并且在发卡过程中增加数据准备系统,用以对电子现金卡的发卡数据进行处理。

如图 12-21 所示,证书申请提交省平台或部密管中心,获取基于 SM2 算法的根 CA 证书和根 CA 签发的发卡机构证书。

电子现金体系中的根 CA 证书由部密管中心提供,发卡机构证书由部密管中心签名,其他密钥由发卡机构密钥管理系统生成并维护。

电子钱包体系中的消费主密钥由部密管中心提供,其他密钥由发卡机构采用主密钥分散方式产生,并进行管理维护。

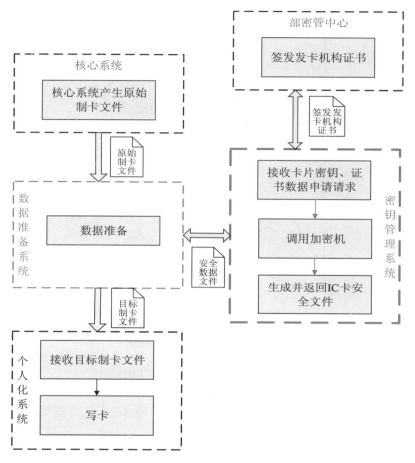

▲ 图 12-21　交通一卡通发卡环节安全处置流程

2. 交易环节安全处置

如图 12-22 所示,交通一卡通交易安全处置主要涉及终端认证、交易过程、数据存储等过程,使用对称和非对称密码算法,实现交通一卡通交易环节中数据的机密性、完整性保护、身份认证,交易双方签名的不可否认性,以及敏感数据的存储安全。

(1)电子现金交易中,终端采用 SM2 算法验证 IC 卡签名,实现静态/动态数据认证,从而保证 IC 卡片和交易数据的真实性、可

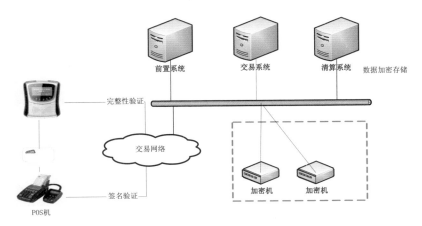

▲ **图 12-22　交通一卡通交易环节安全处置示意**

信性。

（2）电子钱包交易中,采用 SM4 算法加密交易数据,产生报文校验值 MAC 和交易校验值 TAC,以保证信息来源的真实性和交易数据的完整性。

（3）使用 SM3 算法产生敏感数据的摘要值,对敏感数据进行完整性保护,或者采用 SM4 算法对敏感数据进行加密存储。

（三）　应用成效

商用密码技术的应用大大促进了交通一卡通在全国的互联互通。截至 2016 年 12 月,按照住建部、交通运输部牵头制定的国家标准统一进行一卡通系统建设的城市有 200 多个,已经覆盖近 5 亿城市人口,发卡总量达 8.5 亿张。全国互联互通城市已达 130 多个,互联互通卡的发行突破 2 亿张,支持互联互通的终端超过 120 万台,覆盖 3 亿以上城市人口。

城市交通一卡通与商用密码技术的结合,使得城市生活变得信息化、便捷化、安全化,推动了智慧城市的发展。

四、商用密码在电子病历系统中的应用

(一) 应用背景

电子病历是指医务人员在医疗活动过程中,使用信息系统生成文字、符号、图表、图形、数字、影像等数字化信息,是病历的电子化记录形式。利用密码技术能有效实现电子病历的身份认证、操作行为的不可否认性、内容的完整性与机密性保护。

原国家卫生部于 2010 年启动卫生系统电子认证服务体系建设,通过基于密码技术的电子认证服务保障卫生信息系统安全。电子病历系统是卫生信息系统的重要组成部分,是电子认证服务应用的重要领域。国家卫生计生委办公厅、国家中医药管理局办公室于 2017 年 2 月 15 日颁布《电子病历应用管理规范(试行)》,明确提出"有条件的医疗机构电子病历系统可以使用电子签名进行身份认证,可靠的电子签名与手写签名或盖章具有同等的法律效力","电子病历系统应当采用权威可靠时间源","电子病历系统应当对操作人员进行身份识别,保存历次操作印痕,标记操作时间和操作人员信息,并保证历次操作印痕、标记操作时间和操作人员信息可查询、可追溯",进一步规范了电子病历中身份认证、电子签名、时间戳等密码服务的应用。

(二) 密码应用总体架构

密码技术贯穿电子病历的生成、存储、归档过程,用于实现医护人员身份认证、关键业务环节的电子签名和时间戳应用,以及归档电子病案的安全保护。电子病历系统密码应用如图 12-23 所示。

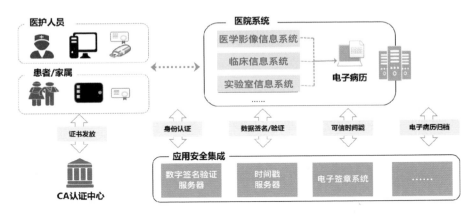

▲　**图 12-23　电子病历系统密码应用示意**

1. 身份认证

医护人员持加载个人数字证书的智能密码钥匙登录医院信息系统,医院信息系统调用电子签名服务(包括签名和验证)对医护人员进行身份认证,确认用户身份真实、可信。

2. 电子病历书写环节

在电子病历书写环节,医护人员持智能密码钥匙对电子病历数据进行签名。电子病历系统调用电子签名服务接口、电子签章控件以及时间戳服务接口对电子签名和时间戳的真实性进行认证,保证电子病历的真实、完整、可信。

3. 患者/家属签署知情文书环节

在患者知情同意后,系统为患者签发数字证书,并利用该证书对知情文书进行电子签名,同时通过调用时间戳服务对签署时间进行认证,保证知情文书的真实、完整、可信。

4. 移动护理环节

医护人员使用内置数字证书的移动智能终端,对护理文书进行电子签名,并配合服务端电子签名服务和时间戳服务,实现身份认证、电子签名和时间戳,保证护理文书的真实、完整、可信。

5.电子病历归档环节

医疗活动结束后,将电子病历转化为版式文件形成电子病案,并加盖医院电子印章,保证电子病案的完整、可信。

（三）应用成效

商用密码在电子病历系统中得到广泛应用,保护的信息包括病案首页、入院记录、病程记录、手术记录、会诊记录、查房记录、护理记录、检查报告、知情同意书等。

截至 2017 年,已有上千家医院在电子病历系统中使用商用密码,有效保证了电子病历数据的真实性和完整性,为卫生计生行业网络安全起到重要的支撑作用。

五、商用密码在智能网联汽车系统中的应用

（一）应用背景

当今世界,移动互联、大数据、云计算和工业智能等技术蓬勃发展,传统汽车产业向智能化、网联化趋势发展。据中国汽车工业协会统计,2016 年,我国全年汽车产销分别为 2811.88 万辆和 2802.8 万辆,其中智能网联汽车超过 1300 万辆,比上年年末增长 30%。

智能网联汽车在传统汽车的基础上引入了大量的智能化设备和系统,可借助于网络通信技术远程对汽车进行更多的智能控制,如远程分析、远程检修、远程寻车、实时路况预警、自动驾驶、自动躲避、自动预警、自动更新等,并可将智能终端(如智能手机、平板

电脑)与车载系统建立连接,通过智能设备查看车辆信息、控制车载系统,以实现遥控泊车、自动驾驶等功能,让驾驶员从复杂的操作中解脱出来,提高了驾驶的安全性和舒适度,增强了驾车体验。但"特斯拉"等网联汽车被攻击事件的曝光,表明智能网联汽车信息安全问题日益严重。相关安全问题不仅会造成个人隐私泄露、企业经济损失,甚至还能造成车毁人亡的严重后果。据统计,有56%的消费者表示信息安全和隐私保护将成为未来购车时主要考虑的因素,智能网联汽车信息安全已经成为汽车产业甚至社会关注的热点。

智能网联汽车涉及智能手机软件、智能网联汽车服务平台、传输网络、车载智能终端。智能手机软件存在假冒车主身份的风险,通过假冒车主身份,使用智能手机软件对车辆远程发出危险指令,对行驶中的车辆造成危害;传输网络存在的安全风险,在于攻击者可以对智能手机软件、智能网联汽车服务平台发出的指令信息进行篡改,导致智能网联汽车按照错误指令进行错误动作;智能网联汽车服务平台存在的安全风险在于,攻击者会在智能网联汽车进行补丁程序远程升级时,对补丁程序进行非法篡改、替换,导致智能网联汽车按照错误的补丁程序进行升级,可能导致车辆发生不可预知的问题。

(二) 密码应用总体架构

密码技术可以广泛应用于智能网联汽车各个领域,包括智能手机软件、智能网联汽车服务平台、传输网络、车载智能终端,在终端接入、控制指令下发、补丁包升级等各个环节实现身份可信、数据保密、数据不可篡改和来源可信,维护智能网联汽车的信息安全。智能网联汽车系统密码应用如图 12-24 所示。

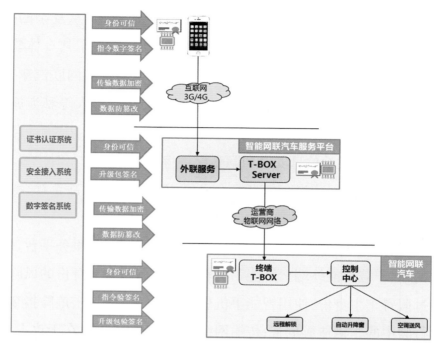

▲ **图 12-24 智能网联汽车系统密码应用示意**

系统采用密码技术,为用户手机终端、智能网联汽车服务平台、智能网联汽车分别发放数字证书,通过数字证书技术来解决智能网联汽车参与各方的身份可信,防止人员、服务平台和网联汽车端的身份假冒。采用数据加密技术,保护手机端和智能网联汽车服务平台之间,以及智能网联汽车服务平台和智能网联汽车之间信息传输的机密性和完整性,防止非法窃取和篡改。采用数字签名技术,对智能手机软件发出的远程指令和智能网联汽车平台发出的补丁升级包进行数字签名,有效解决指令、补丁升级包来源不可靠、非法替换的问题,保证智能网联车辆远程控制和远程升级的安全。

智能网联汽车密码应用场景如图 12-25 所示。

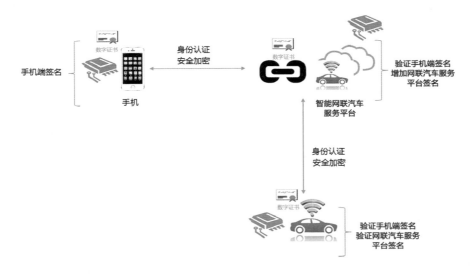

1. 手机端远程控制汽车

车主通过智能手机软件连接智能网联汽车服务平台,基于数字证书实现身份认证,通过构建加密通道完成数据在传输过程中的保护。车主发出增加数字签名的车辆远程控制指令,保证指令的可信、防篡改。

智能网联汽车服务平台收到指令后,验证该指令是否由车主发出,传输过程是否有恶意篡改。验证通过后,智能网联汽车服务平台为指令信息增加数字签名,然后把指令信息包发送给智能网联汽车。智能网联汽车接收指令后,验证数字签名是否正确,验证通过后才根据该指令执行相应动作。

2. 智能网联汽车补丁程序远程升级

为了消除智能网联汽车的软件漏洞,需要通过远程方式实现补丁在线升级。为了保证该补丁的可信、可靠,防止非法篡改和恶意替换,智能网联汽车服务平台在下发补丁之前,先与对应的智能网联汽车进行双向身份认证,建立安全传输通道,同时对下发的补丁程序增加数字签名,保证补丁的来源可靠。

智能网联汽车收到补丁程序之后,需要验证补丁包的数字签名是否正确,是否由智能网联汽车服务平台发布,只有通过验证的补丁才可以进行升级替换。

（三）应用成效

2017年4月,工业和信息化部、国家发展改革委、科学技术部联合印发《汽车产业中长期发展规划》,将智能网联汽车作为汽车产业发展的战略目标之一。

智能网联汽车的安全防护在我国属于起步阶段,密码技术正逐渐得到广泛应用,国内各大汽车生产商纷纷建设或正在筹备建设使用密码的安全防护体系。可以预见,未来智能网联汽车安全防护应用空间巨大,密码技术作为保障智能网联汽车安全运行的基础,必将得到更为广泛的应用。

第四节　重要工业控制系统应用案例

一、商用密码在电力调度系统中的应用

（一）应用背景

在电力系统中,发电、输电、变电、配电及供电部门都需要通过专门的调度环节,对电能量进行调度指挥、监督和管理。电力调度

环节是电网电能量调配的核心环节,任何安全问题都可能导致灾难性后果,带来不可估量的损失。

为保障电力调度环节正常运行,2002 年国家电力调度通信中心根据我国电网调度系统的具体情况,开展电力二次系统安全防护研究,提出要研制开发基于公钥基础设施的证书系统——电力调度证书系统,为电力调度生产及管理系统、调度数据网用户、关键网络设备、服务器等提供数字证书服务。2005 年原国家电力监管委员会颁布了《电力二次系统安全防护规定》,并于 2014 年更新为《电力监控系统安全防护规定》,上述规定对电力调度环节的网络安全防护提出了"安全分区、网络专用、横向隔离、纵向认证"的十六字原则。其中"纵向认证"部分明确要求,"在生产控制大区与广域网的纵向连接处应当设置经过国家指定部门检测认证的电力专用纵向加密认证装置或者加密认证网关及相关设施",同时要求"依照电力调度管理体制建立基于公钥技术的分布式电力调度数字证书及安全标签,生产控制大区中的重要业务系统应当采用认证加密机制"。

国家电网公司根据上述规定,结合调度业务系统与机构分布情况,建立完善的调度数字证书认证体系,并通过电力专用纵向加密认证装置,建立起以商用密码为基础的安全保障体系。

（二）密码应用总体架构

国家电网公司建设了一套基于商用密码的多级电力调度证书认证体系,从国调、网调、省调、地调、县调到变电站、发电厂,形成自上而下的完整信任链;同时,在各级调度机构进行数据交互时,通过电力专用纵向加密认证装置进行双向身份认证及数据传输加密,确保电力调度安全。电力调度密码应用总体架构如图 12-26 所示。

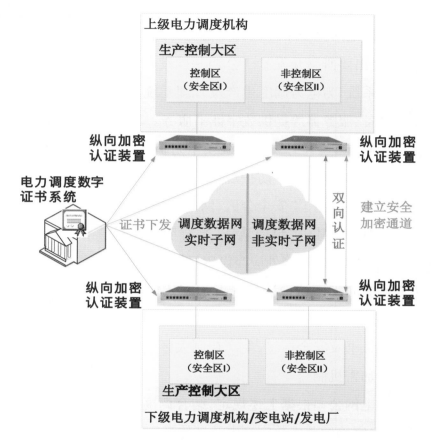

图 12-26 电力调度密码应用总体架构

1. 电力调度数字证书系统

国家电网公司电力调度数字证书系统是基于公钥技术的分布式数字证书系统,为电力调度生产控制大区(I/II 区)的系统用户、关键网络设备、服务器提供数字证书服务。目前,国家电网公司已完成各级电力调度数字证书系统的建设,具体架构如图 12-27 所示。

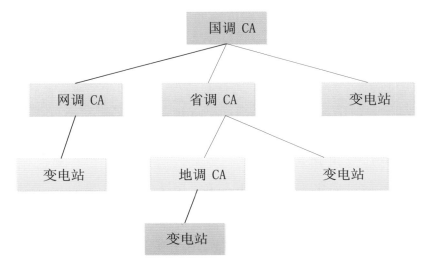

▲ **图 12-27 电力调度数字证书系统架构**

各级电力调度数字证书系统为本级电力专用纵向加密认证装置签发设备证书,用于完成与上下级调度机构数据交互时的身份认证。

2.电力专用纵向加密认证装置

(1)身份认证

在上下级调度机构进行数据交互前,首先由电力专用纵向加密认证装置交换设备证书,进行双向身份认证,确认通信双方身份的真实性。

(2)数据加密

在身份认证通过后,电力专用纵向加密认证装置使用商用密码算法建立安全通道,协商通信密钥对调度交互数据进行真实性与机密性保护。

(三) 应用成效

通过商用密码技术的应用,国家电网实现了电力调度系统纵向安全,实现了电力调度数据传输的安全,遏制了网络攻击者篡改电力调度数据的行为,电力调度系统十余年来未出现重大网络安全事故。

二、商用密码在用电信息采集系统中的应用

(一) 应用背景

用电信息采集系统(以下简称"用采系统")是对电力用户(包括专变/专线用户、公变台区总表、低压用户)的用电信息进行采集、处理和实时监控的系统,用于实现用电信息的自动采集、计量监测、费控管理、用电管理、电能质量监测、数据发布、运维监测、用电分析等重要功能,是电力领域的重要工业控制系统和信息系统。

近年来,网络空间安全事件频发,电力等重要工业控制系统和信息系统成为网络攻击的重要目标,电力领域网络与信息安全形势日益严峻。用采系统作为电力领域重要工业控制系统和信息系统,面临用户用电数据被篡改、主站下发的电价参数被篡改以及非法分子控制主站、恶意下发错误的用户控制指令等风险,可能对社会造成不良影响。

自2009年起,国家电网公司为解决上述安全问题,保障用电安全,分期建设了用电信息密码基础设施,包括对称密钥管理系统和数字证书系统。在用电信息密码基础设施的基础上,采用商用密码对数据交互双方进行身份鉴别,对关键数据进行签名、加密,保障用电信息采集、用电控制、用户电力缴费等业务的顺利开展和安全可靠运行。

（二）密码应用总体架构

用电信息密码基础设施为用采系统提供密码服务,同时解决了售电系统和检测系统等用采相关系统的安全问题。

1. 用采系统密码应用

用采系统由系统主站、传输信道、采集终端及电能表构成。在系统主站部署电能计量密码机(主站),安全接入区内部署专用加密隔离网关,采集终端(含专变终端和集中器)内集成安全芯片(ESAM 芯片),如图 12-28 所示。

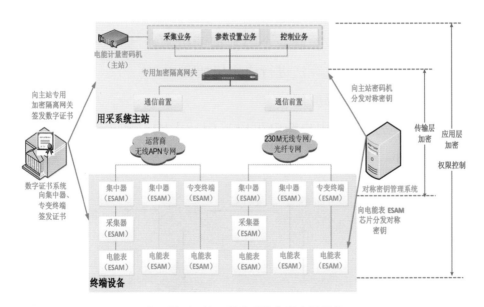

▲ 图 12-28 用采系统密码应用示意

（1）密码设备初始化

通过用电信息密码基础设施对电能计量密码机、安全加密隔离网关、采集终端和电能表用安全芯片进行初始化,并发放设备证书和对称密钥。

（2）传输层加密

在主站与专变采集终端、集中器通信过程中,为确保通信双方身份的真实性,主站与专变采集终端、集中器交换数字证书,实现身份认证和密钥协商。为保证主站对专变终端和集中器下发的开关控制指令、参数设置指令以及抄读数据的机密性、完整性、可用性,主站与专变采集终端和集中器之间利用协商的会话密钥建立安全通道,实现传输层加密。

（3）应用层加密

在主站和电能表的通信过程中,为保证主站对电能表下发的参数设置、远程充值、控制命令等数据的机密性、完整性、可用性,对交互数据采用对称算法进行应用层加密。

2. 售电系统密码应用

在售电过程中,用户购电可以采用持卡购电和远程购电两种方式,如图 12-29 所示。

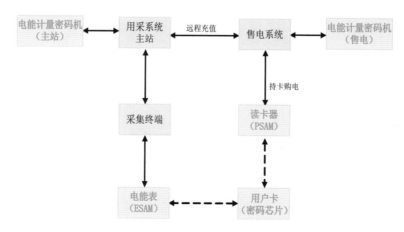

▲ 图 12-29　售电系统密码应用示意

（1）持卡购电

在持卡购电过程中，通过电能计量密码机（售电）或 PSAM 卡（PSAM 卡嵌入在读卡器内）验证用户卡的合法性，并将充值信息保护后写入合法的用户卡中，实现合法持卡购电。

在电表充值过程中，电能表在确定用户卡的合法性后，将充值信息写入 ESAM 芯片中，实现电表充值。

（2）远程购电

在远程购电过程中，售电系统将充值信息发送给主站系统。用采系统主站与电能表相互验证对方的合法性，然后主站将充值信息通过电能计量密码机（主站）保护后发送到电能表，电能表将验证合法的充值信息写入 ESAM 中存储，完成充值操作。

3. 电能表、采集终端安全性检测中的密码应用

电能表、采集终端安全性检测涉及费控、安全认证、密钥更新、参数更新、远程控制等环节。采用的安全性自动检测装置以上位机为控制中心，配备电能计量密码机，对关键数据进行加密传输，对设备进行身份认证，实现电能表及采集终端的安全性检测，确保设备安全性，如图 12-30 所示。

（三）应用成效

用采系统是商用密码算法在电力系统的首次规模化应用，实现了商用密码与用电信息安全控制的紧密结合。在上海世博会和纪念抗战胜利 70 周年大阅兵期间，用采系统在电力保障中发挥了关键作用，对维护社会稳定、支持阶梯电价政策、推动节能减排等方面具有重要作用。

国家电网公司用电信息密码基础设施，为用电信息系统提供

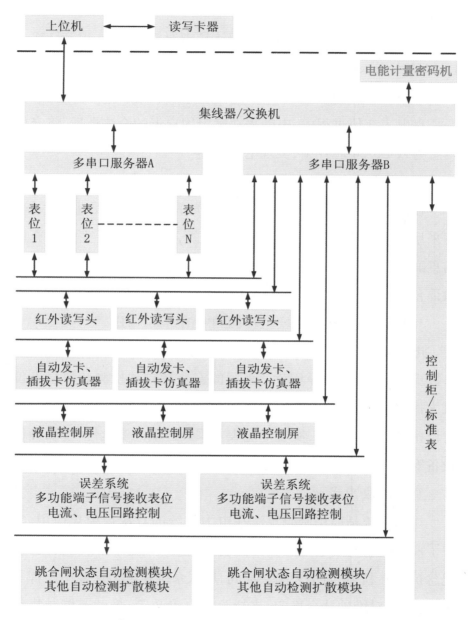

▲ 图 12-30 安全性自动检测装置密码应用

全方位的密码服务,已安全可靠运行近六年,有力保障了用采系统的安全稳定高效运行。

基于商用密码的专用安全芯片、电能计量密码机等密码产品已大规模应用于电力行业,创造直接经济效益超过 10 亿元,间接经济效益约 57 亿元,并推广到金融、交通、公共服务(水、气、热)等领域,进入巴西等国际市场。

第五节　面向社会服务的政务信息系统应用案例

一、商用密码在电子证照中的应用

(一) 应用背景

随着社会不断发展,各种证照层出不穷,五花八门的证照给公众办证用证造成了诸多不便,而纸质证照的使用和管理存在不便于保存、伪证假证泛滥、难以验证等问题,造成资源严重浪费,不利于提高政府办事效率与服务水平。

2016 年 9 月 29 日,国务院印发《关于加快推进"互联网+政务服务"工作的指导意见》指出,凡是能通过网络共享复用的材料,不得要求企业和群众重复提交;凡是能通过网络核验的信息,不得要求其他单位重复提供;凡是能实现网上办理的事项,不得要求必须到现场办理。这些要求的核心是通过归集各部门电子证照数据,实现证照信息的复用与核验。

推广电子证照应用,将减轻群众办理证件负担、减少证件社会运行成本,提升政府服务能力,从根本上杜绝假证泛滥,进一步优化经济社会发展环境。

电子证照的成功应用应满足以下两方面需求:

一是电子证照的合法性。如何让办事部门认可电子证照的合法性,进而实现部门间证照互认,是电子证照得到应用的关键。通过引入电子印章、电子签名等技术手段,对电子证照文件内容进行数字签名,可以确保电子证照的合法性。

二是电子证照的安全性。电子证照在表现形式上与纸质证照相同,如果缺少安全管理机制,更容易滋生假证、假照。在证照的发放、查询、核验、入库等环节,要建立电子证照数据安全传输、防篡改、完整性校验等安全保护机制。

(二) 密码应用总体架构

电子证照密码应用体系包含证书认证系统、安全接入系统、数字签名系统、电子印章系统,电子证照系统密码应用总体架构如图12-31所示。

证书认证系统采用密码技术,为证照签发部门、证照使用部门、电子证照中心发放数字证书,解决电子证照参与各方的身份可信,防止身份假冒;安全接入系统解决各接入部门与电子证照中心之间传输信息的机密性和完整性,防止非法窃取和非法篡改。数字签名系统将各部门发送的数据进行数字签名,解决数据来源不可靠、非法替换等问题。电子印章系统采用电子印章技术,依据证照签发部门提供的有效证照数据,生成电子证照模板,并加盖电子印章。

密码技术在电子证照系统中的使用包括电子证照的签发过程

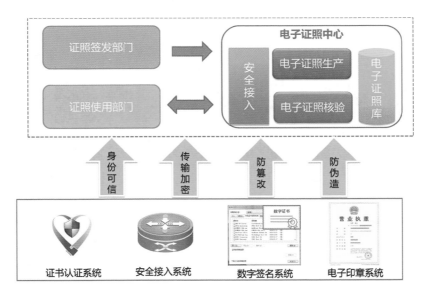

▲　**图 12-31　电子证照系统密码应用总体架构**

和电子证照的使用过程。

1. 电子证照的签发

对列入电子证照目录的证照,证照签发部门通过加密通道把证照信息传递给电子证照库系统,电子证照库系统对电子证照数据进行数字签名,调用证照模板,生成电子证照版式文件并返回签发部门,签发部门在电子证照版式文件上加盖电子印章,完成电子证照制作。该过程中产生的签名数据保存在电子证照库中,为验证证照真伪提供支撑。

电子证照签发过程中的密码应用如图 12-32 所示。

2.电子证照的使用

政府部门在进行行政审批等事项时需要在线查验证照,业务系统通过加密通道从电子证照库按需调取电子证照,通过验证电子证照数字签名确认电子证照信息的真伪,杜绝伪造假冒证照的

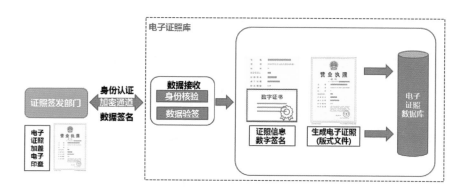

▲　图 12-32　电子证照签发过程中密码应用示意

行为。整个过程准确高效,无须手工录入,减少纸质申报材料,提高了业务审批效率。

电子证照使用过程中的密码应用如图 12-33 所示。

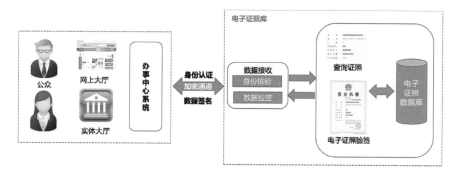

▲　图 12-33　电子证照使用过程中密码应用示意

（三）应用成效

2016 年《政府工作报告》指出,大力推行"互联网+政务服务",实现部门间数据共享,让居民和企业少跑腿、好办事、不添堵。"互联网+政务服务"的目标是通过互联网、移动互联网、大数据等信息技术提升政府自身的治理能力和水平,推动政府治理能力的现代化。

电子证照库作为"互联网+政务服务"的核心技术支撑,已成为各地区政府的重点建设内容。据《中国电子政务发展报告(2017)》统计,全国31个省(自治区、直辖市)及新疆生产建设兵团已经或计划建设省级电子证照库。目前已有多个地区形成以身份证号、统一社会信用代码为标识的居民电子证照目录和法人电子证照目录,推进跨部门、跨层级、跨地区的"一库管理、互认共享",逐步实现政务服务"一号申请、一窗办理、一网通办、一库共享"。例如,随着"多证合一、一照一码"登记制度改革的推进,营业执照逐步成为企业的唯一"身份证",目前全国已发放1600余万张电子营业执照,节约了企业时间、交通和人力成本,有效遏制了网上无照经营和虚假主体经营的现象,切实降低了由此带来的经济损失,也为网络市场监管提供了有效手段,对优化政府服务水平、提高政务服务效率、进一步激发市场活力,具有重要的意义。

二、商用密码在政务移动办公领域中的应用

(一) 应用背景

随着4G无线宽带技术的日趋成熟,移动网络速度得到极大提升,移动互联网应用大量涌现,政府部门移动政务办公业务蓬勃发展。政务移动办公摆脱了时间和地点的限制,为实时审批、现场执法等工作提供了有效的技术手段。然而,由于终端的移动性、使用场景的开放性和无线传输安全的脆弱性,移动办公面临终端身份合法验证、终端数据安全保护、远程传输信息的机密性和完整性保护、移动应用安全防护等安全需求。

国务院《关于大力推进信息化发展和切实保障信息安全的若

干意见》中指出："移动互联网等技术应用给信息安全带来严峻挑战。必须进一步增强紧迫感,采取更加有力的政策措施,大力推进信息化发展,切实保障信息安全","大力推动密码技术在涉密信息系统和重要信息系统保护中的应用,强化密码在保障电子政务、电子商务安全和保护公民个人信息等方面的支撑作用"。《"十三五"国家政务信息化工程建设规划》要求,全面推进安全可靠产品及商用密码应用,提高自主保障能力,切实保障政务信息系统的安全可靠运行。

(二) 密码应用总体架构

政务移动办公系统采用商用密码,基于数字证书认证系统,构建覆盖移动终端、移动网络、移动政务应用的安全保障体系,实现移动终端安全、接入安全、传输安全和移动应用安全。政务移动办公系统密码应用如图 12-34 所示。

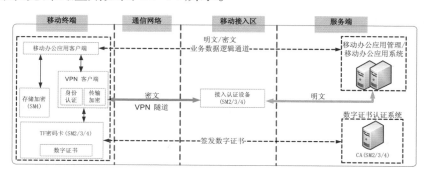

▲ 图 12-34 政务移动办公系统密码应用示意

1. 移动终端安全

基于数字证书实现终端身份认证,基于密码运算实现本地数据的加密存储,数字证书硬件存储和密码运算由移动终端内置的密码部件提供。

2. 接入安全

基于数字证书,实现移动终端和移动接入设备之间的双向身份认证,确保只有合法的移动终端才能接入网络。

3. 传输安全

移动终端身份认证通过后,采用密码技术在移动终端与移动接入设备之间建立安全通道,保证信息在传输过程中的机密性和完整性。

4. 移动应用安全

移动应用管理系统服务端采用签名证书对移动应用软件安装包进行签名,移动应用管理系统客户端对签名信息进行验签,保证移动应用软件安装包的真实性和完整性。

移动办公应用系统采用签名证书对关键访问请求进行签名验证,采用加密证书对关键传输数据和业务操作指令,以及移动终端本地存储的重要数据进行加密保护。

(三) 应用成效

商用密码是政务移动办公安全的重要基础支撑,为政务移动办公提供身份鉴别、授权访问、签名验签、电子签章、数据加密、时间戳等密码服务,保障系统安全运行。采用商用密码的政务移动办公系统已在电子政务(办公管理、便民服务)、城市管理(市政、公安)、行政监管(工商、税务)、应急安全(平安城市、应急指挥)等领域得到广泛应用,提升了政府机关的办公效率和履职能力,有力保障了系统的安全运行。以移动警务为例,2011 年以来,移动警务系统为全国 32 个省级公安机关 100 多万民警配备终端密码模块并签发数字证书,保障了 1000 多种移动警务应用安全。

三、商用密码在因公电子护照领域中的应用

（一）应用背景

因公护照包括外交护照、公务护照和公务普通护照，是我国颁发给因公出国人员的重要身份证件。因公护照传统防伪手段主要依赖印刷技术，实现对印刷信息和手写信息的识别，易出现伪造、变造。

随着证照防伪技术的发展，以及全球反恐协作和边境管制合作的需要，经国务院批准，外交部于 2007 年启动因公电子护照项目，并于 2012 年全面签发因公电子护照。因公电子护照在传统纸质护照中嵌入包含持照人基本信息、生物特征信息等的专用芯片，采用对称、非对称密码算法，保证护照信息的真实性，有效杜绝了护照伪造和变造，如图 12-35 所示。

▲ 图 12-35　含密码芯片的因公护照示意

（二）密码应用总体框架

因公电子护照系统采用经国家批准的密码算法和密码应用体系,并遵循国际标准对持照人的身份等信息进行加密,密文信息写入专用芯片中,在持照人通关或护照查验时,可读取并解密芯片信息,与持照人护照上的印刷信息等进行对比和验证,以确认护照真伪。

因公电子护照将密码技术与电子射频技术、生物特征识别技术、图像处理技术等技术融合,使用的商用密码兼容国际标准,可以满足边检等各类护照验证需要。通过密码技术对持照人的敏感信息进行加密,保护了持照人的信息安全,提高了护照的防伪能力。因公电子护照密码应用体系如图 12-36 所示。

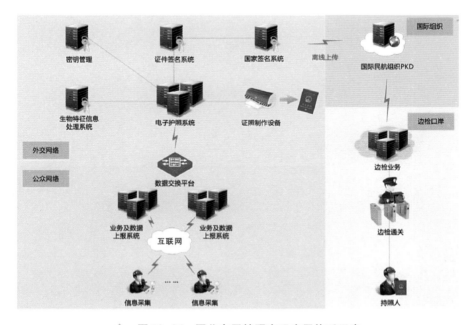

▲ **图 12-36　因公电子护照密码应用体系示意**

（三）应用成效

密码技术是因公电子护照系统安全的核心支撑。因公电子护照的启用，有效防范了伪造和变造行为的发生，有利于维护国家安全。同时，为持照人获得签证和顺利通关创造了更加便利的条件，对维护我国海外公民、法人的合法权益，促进中外交流合作，服务经济发展均具有重要意义。

附　　录

商用密码管理条例

（中华人民共和国国务院令第 273 号,1999 年 10 月 7 日发布）

第一章　总　　则

第一条　为了加强商用密码管理,保护信息安全,保护公民和组织的合法权益,维护国家的安全和利益,制定本条例。

第二条　本条例所称商用密码,是指对不涉及国家秘密内容的信息进行加密保护或者安全认证所使用的密码技术和密码产品。

第三条　商用密码技术属于国家秘密。国家对商用密码产品的科研、生产、销售和使用实行专控管理。

第四条　国家密码管理委员会及其办公室（以下简称国家密码管理机构）主管全国的商用密码管理工作。

省、自治区、直辖市负责密码管理的机构根据国家密码管理机构的委托,承担商用密码的有关管理工作。

第二章　科研、生产管理

第五条　商用密码的科研任务由国家密码管理机构指定的单位承担。

商用密码指定科研单位必须具有相应的技术力量和设备,能够采用先进的编码理论和技术,编制的商用密码算法具有较高的保密强度和抗攻击能力。

第六条　商用密码的科研成果,由国家密码管理机构组织专家按照商用密码技术标准和技术规范审查、鉴定。

第七条　商用密码产品由国家密码管理机构指定的单位生产。未经指定,任何单位或者个人不得生产商用密码产品。

商用密码产品指定生产单位必须具有与生产商用密码产品相适应的技术力量以及确保商用密码产品质量的设备、生产工艺和质量保证体系。

第八条　商用密码产品指定生产单位生产的商用密码产品的品种和型号,必须经国家密码管理机构批准,并不得超过批准范围生产**商用密**码产品。

第九条　商用密码产品,必须经国家密码管理机构指定的产品质量检测机构检测合格。

第三章　销售管理

第十条　商用密码产品由国家密码管理机构许可的单位销

售。未经许可,任何单位或者个人不得销售商用密码产品。

第十一条　销售商用密码产品,应当向国家密码管理机构提出申请,并应当具备下列条件:

(一)有熟悉商用密码产品知识和承担售后服务的人员;

(二)有完善的销售服务和安全管理规章制度;

(三)有独立的法人资格。

经审查合格的单位,由国家密码管理机构发给《商用密码产品销售许可证》。

第十二条　销售商用密码产品,必须如实登记直接使用商用密码产品的用户的名称(姓名)、地址(住址)、组织机构代码(居民身份证号码)以及每台商用密码产品的用途,并将登记情况报国家密码管理机构备案。

第十三条　进口密码产品以及含有密码技术的设备或者出口商用密码产品,必须报经国家密码管理机构批准。任何单位或者个人不得销售境外的密码产品。

第四章　使用管理

第十四条　任何单位或者个人只能使用经国家密码管理机构认可的商用密码产品,不得使用自行研制的或者境外生产的密码产品。

第十五条　境外组织或者个人在中国境内使用密码产品或者含有密码技术的设备,必须报经国家密码管理机构批准;但是,外国驻华外交代表机构、领事机构除外。

第十六条 商用密码产品的用户不得转让其使用的商用密码产品。商用密码产品发生故障,必须由国家密码管理机构指定的单位维修。报废、销毁商用密码产品,应当向国家密码管理机构备案。

第五章　安全、保密管理

第十七条 商用密码产品的科研、生产,应当在符合安全、保密要求的环境中进行。销售、运输、保管商用密码产品,应当采取相应的安全措施。

从事商用密码产品的科研、生产和销售以及使用商用密码产品的单位和人员,必须对所接触和掌握的商用密码技术承担保密义务。

第十八条 宣传、公开展览商用密码产品,必须事先报国家密码管理机构批准。

第十九条 任何单位和个人不得非法攻击商用密码,不得利用商用密码危害国家的安全和利益、危害社会治安或者进行其他违法犯罪活动。

第六章　罚　　则

第二十条 有下列行为之一的,由国家密码管理机构根据不同情况分别会同工商行政管理、海关等部门没收密码产品,有违法所得的,没收违法所得;情节严重的,可以并处违法所得 1 至 3 倍的罚款：

（一）未经指定,擅自生产商用密码产品的,或者商用密码产品指定生产单位超过批准范围生产商用密码产品的；

（二）未经许可,擅自销售商用密码产品的；

（三）未经批准,擅自进口密码产品以及含有密码技术的设备、出口商用密码产品或者销售境外的密码产品的。

经许可销售商用密码产品的单位未按照规定销售商用密码产品的,由国家密码管理机构会同工商行政管理部门给予警告,责令改正。

第二十一条　有下列行为之一的,由国家密码管理机构根据不同情况分别会同公安、国家安全机关给予警告,责令立即改正：

（一）在商用密码产品的科研、生产过程中违反安全、保密规定的；

（二）销售、运输、保管商用密码产品,未采取相应的安全措施的；

（三）未经批准,宣传、公开展览商用密码产品的；

（四）擅自转让商用密码产品或者不到国家密码管理机构指定的单位维修商用密码产品的。

使用自行研制的或者境外生产的密码产品,转让商用密码产品,或者不到国家密码管理机构指定的单位维修商用密码产品,情节严重的,由国家密码管理机构根据不同情况分别会同公安、国家安全机关没收其密码产品。

第二十二条　商用密码产品的科研、生产、销售单位有本条例第二十条、第二十一条第一款第（一）、（二）、（三）项所列行为,造成严重后果的,由国家密码管理机构撤销其指定科研、生产单位资格,吊销《商用密码产品销售许可证》。

第二十三条　泄露商用密码技术秘密、非法攻击商用密码或者利用商用密码从事危害国家的安全和利益的活动,情节严重,构成犯罪的,依法追究刑事责任。

有前款所列行为尚不构成犯罪的,由国家密码管理机构根据不同情况分别会同国家安全机关或者保密部门没收其使用的商用密码产品,对有危害国家安全行为的,由国家安全机关依法处以行政拘留;属于国家工作人员的,并依法给予行政处分。

第二十四条　境外组织或者个人未经批准,擅自使用密码产品或者含有密码技术的设备的,由国家密码管理机构会同公安机关给予警告,责令改正,可以并处没收密码产品或者含有密码技术的设备。

第二十五条　商用密码管理机构的工作人员滥用职权、玩忽职守、徇私舞弊,构成犯罪的,依法追究刑事责任;尚不构成犯罪的,依法给予行政处分。

第七章　附　　则

第二十六条　国家密码管理委员会可以依据本条例制定有关的管理规定。

第二十七条　本条例自发布之日起施行。

商用密码应用安全性评估管理办法（试行）

第一章　总　则

第一条　为规范重要领域网络和信息系统商用密码应用安全性评估工作，发挥密码在保障网络安全中的核心支撑作用，根据《中华人民共和国网络安全法》、《商用密码管理条例》以及国家关于网络安全等级保护和重要领域密码应用的有关要求，制定本办法。

第二条　本办法所称商用密码应用安全性评估，是指在采用商用密码技术、产品和服务集成建设的网络和信息系统中，对其密码应用的合规性、正确性和有效性等进行评估。

第三条　涉及国家安全和社会公共利益的重要领域网络和信息系统的建设、使用、管理单位（以下简称责任单位），应当健全密码保障体系，实施商用密码应用安全性评估。重要领域网络和信息系统包括：基础信息网络、涉及国计民生和基础信息资源的重要信息系统、重要工业控制系统、面向社会服务的政务信息系统，以及关键信息基础设施、网络安全等级保护第三级及以上信息系统。

第四条　国家密码管理部门负责指导、监督和检查全国商用密码应用安全性评估工作。

省（部）密码管理部门负责指导、监督和检查本地区、本部门、本行业（系统）商用密码应用安全性评估工作。

第二章　评估程序

第五条　责任单位应当在系统规划、建设和运行阶段，组织开展商用密码应用安全性评估工作。

第六条　商用密码应用安全性评估工作由国家密码管理部门认定的密码测评机构（以下简称测评机构）承担，国家密码管理部门定期发布测评机构目录。

国家密码管理部门会同国务院公安部门制定测评机构的有关技术与管理规范，组织测评机构业务培训。

第七条　评估工作应当遵守国家法律法规和相关标准，遵循独立、客观、公正的原则。

国家标准化管理部门、国家密码管理部门根据各自职责，制定发布商用密码应用安全性评估国家标准、行业标准。

第八条　重要领域网络和信息系统规划阶段，责任单位应当依据商用密码应用安全性有关标准，制定商用密码应用建设方案，组织专家或委托测评机构进行评估。评估结果作为项目规划立项的重要依据和申报使用财政性资金项目的必备材料。

第九条　重要领域网络和信息系统建设完成后，责任单位应当委托测评机构进行商用密码应用安全性评估，评估结果作为项目建设验收的必备材料。

第十条　重要领域网络和信息系统投入运行后,责任单位应当委托测评机构定期开展商用密码应用安全性评估。评估未通过,责任单位应当限期整改并重新组织评估。

关键信息基础设施、网络安全等级保护第三级及以上信息系统,每年至少评估一次,测评机构可将商用密码应用安全性评估与关键信息基础设施网络安全测评、网络安全等级保护测评同步进行。其他信息系统定期开展检查和抽查。

第十一条　重要领域网络和信息系统发生密码相关重大安全事件、重大调整或特殊紧急情况,责任单位应当及时组织测评机构开展商用密码应用安全性评估。

第十二条　测评机构完成商用密码应用安全性评估工作后,应在 30 个工作日内将评估结果报国家密码管理部门备案。

责任单位完成规划、建设、运行和应急评估后,应在 30 个工作日内将评估结果报主管部门及所在地区(部门)密码管理部门备案。其中,网络安全等级保护第三级及以上信息系统,评估结果应同时报所在地区公安部门备案。

第三章　监督管理

第十三条　责任单位应按照本办法开展商用密码应用安全性评估工作,并对评估工作承担管理责任,接受密码管理部门的监督、检查和指导。

责任单位在评估过程中违反本办法有关规定的,其主管部门和密码管理部门应当依据有关规定予以处罚。

第十四条 各地区(部门)密码管理部门根据工作需要,不定期对本地区(部门)重要领域网络和信息系统开展商用密码应用安全性专项检查。

国家密码管理部门根据工作需要,不定期对各地区(部门)商用密码应用安全性评估工作开展检查,并对有关重要领域网络和信息系统进行抽查。

第十五条 国家、省(区、市)相关主管部门在开展重要领域网络和信息系统安全检查时,应将商用密码应用安全性评估情况作为重要检查内容。

第十六条 国家密码管理部门对测评机构进行监督检查,并根据需要对测评机构的评估结果进行抽查。

第十七条 测评机构应保守在测评活动中知悉的国家秘密、商业秘密和个人隐私,对所出具的商用密码应用安全性评估结果负责。有弄虚作假、泄露秘密等违反相关规定的行为,按照国家相关法律法规予以处罚。

第四章 附 则

第十八条 本办法施行前已经投入使用的重要领域网络和信息系统,应按照本办法要求开展商用密码应用安全性评估,根据评估结果进行密码升级改造。在升级改造期间,责任单位应当采取必要措施保证系统安全运行。

第十九条 未设立密码管理机构的有关部门,应指定本部门负责密码应用安全性评估的主管单位,根据本办法规定开展评估工作。

第二十条　本办法第三条规定范围之外的其他网络和信息系统,其责任单位可以参考本办法自愿开展商用密码应用安全性评估。

第二十一条　本办法由国家密码管理局负责解释。

第二十二条　本办法自 2017 年 4 月 22 日起施行。

祖冲之序列密码算法等五个密码算法简介

一、祖冲之序列密码算法

祖冲之序列密码算法,英文简称"ZUC",由冯登国等中国密码学家自主设计,可用于数据机密性保护、完整性保护等。ZUC 算法密钥长度 128 比特,包括加密算法 128-EEA3 和完整性保护算法 128-EIA3。该算法在 128 比特种子密钥和 128 比特初始向量控制下输出 32 比特的密钥字流。

ZUC 算法由线性反馈移位寄存器 LFSR、比特重组 BR、非线性函数 F 三个基本部分组成,成功结合了模($2^{31}-1$)素域、模 2^{32} 域以及模 2 高维向量空间这三种不同代数范畴的运算,采用了线性驱动加有限状态自动机的经典流密码构造模型。公开文献表明,该算法具有很高的理论安全性,能够有效抵抗目前已知的攻击方法,具有较高的安全冗余。

2011 年 9 月,以 ZUC 算法为核心的加密算法 128-EEA3 和完整性保护算法 128-EIA3 获国际移动通信标准化组织 3GPP SA 全票通过,与美国 AES、欧洲 SNOW 3G 共同成为了 4G 移动通信密码算法国际标准。这是我国自主设计的商用密码算法首次参与国际标准制定,取得了历史性突破。目前,我国正推动 256 比特版本的 ZUC 算法进入 5G 通信安全标准,这一版本算法采用 256 比特密钥与 184 比特的初始向量,可产生 32/64/128 比特三种不同长度的认证标签,从而保障后量子时代较长时期内的移动通信机密性与完整性。ZUC 算法的成功设计与标准国际化,提高了我国在移动通信领域的国际地位和影响力,对我国移动通信产业和商用密码产业发展具有重大而深远的意义。

二、SM3 密码杂凑算法

SM3 密码杂凑算法由王小云等中国密码学家自主设计,可用于数字签名、完整性保护、安全认证、口令保护等。SM3 算法消息分组长度为 512 比特,输出摘要长度为 256 比特。SM3 算法在 M-D 结构的基础上,新增了 16 步全异或操作、消息双字介入、加速雪崩效应的 P 置换等多种设计技术,能够有效避免高概率的局部碰撞,有效抵抗强碰撞性的差分分析、弱碰撞性的线性分析和比特追踪法等密码分析方法。公开文献表明,SM3 算法能够有效抵抗目前已知的攻击方法,具有较高的安全冗余。在实现上,SM3 算法运算速率高,灵活易用,支持跨平台的高效实现,具有较好的实现效能。

SM3 算法于 2012 年发布为密码行业标准(GM/T 0004-2012),2016 年发布为国家标准(GB/T 32905-2016)。2014 年,我国提出将 SM3 算法纳入 ISO/IEC 标准的意见。2017 年 4 月,SM3

算法进入最终国际标准草案（FDIS）阶段，SC27 工作组投票通过后将正式成为 ISO/IEC 国际标准。

当前，SM3 算法已成为我国电子认证、网络安全通信、云计算与大数据安全等领域的基础性密码算法。截至 2017 年 8 月，支持 SM3 算法的商用密码产品已达 1400 多款，包括安全芯片、终端设备和应用系统等多种类型，为促进商用密码发展、保障我国网络与信息安全发挥了巨大作用。

三、RSA 公钥密码算法

1977 年，美国密码学家罗恩·里夫斯特（Ron Rivest）、阿迪·沙米尔（Adi Shamir）和伦纳德·阿德曼（Leonard Adleman）共同提出了 RSA 密码算法。RSA 的名字取自三位设计者姓氏的首字母。RSA 算法基于大整数因子分解难题设计，因其原理清晰、结构简单，是第一个投入使用，也是迄今为止应用最广泛的公钥密码算法，可用于数字签名、安全认证等。1992 年，RSA 算法纳入了国际电信联盟制定的 X.509 系列标准。

在数学上，将两个素数相乘很容易计算，但由乘积推导出两个素数因子则非常困难。RSA 算法基于大整数因子分解问题的困难性设计，其公钥相当于两个素数的乘积，而私钥则相当于两个独立的素数。由此可见，破解 RSA 算法的难度基本等同于对极大整数做因数分解的难度。随着超级计算机和大整数分解技术的发展，1999 年 RSA-512（指的是素数长度为 512 比特的 RSA 算法，以此类推）被成功分解，2009 年 RSA-768 被成功分解，当前广泛使用的 RSA-1024 也存在极大安全隐患,包括我国在内的世界许多国家发布了安全风险警示。

在实际应用 RSA 算法时,两个素数应确保是随机产生的,否则会导致安全风险。2013 年 2 月,国际密码学家发现在 700 万个实验样本中有 2.7 万个公钥并不是按理论随机产生的,每一千个公钥中可能会有两个存在安全隐患。

四、MD5 密码杂凑算法

MD5(Message Digest Algorithm 5,消息摘要算法 5,也称 MD5 密码杂凑算法),20 世纪 90 年代初由麻省理工学院计算机科学实验室(MIT Laboratory For Computer Science)和 RSA 数据安全公司(RSA Data Security Inc.)联合提出,其前身有 MD2、MD3、MD4 等密码算法。MD5 算法可用于数字签名、完整性保护、安全认证、口令保护等。

MD5 算法首先将输入的信息划分成若干个 512 比特的分组,再将每个分组划分成 16 个 32 比特的子分组,经一系列变换后,最终输出 128 比特的摘要值。2004 年 8 月,王小云教授在国际密码学年会上报告了她的最新研究成果,提出了原创性的比特追踪法,推进了 MD5、HAVAL-128、MD4、RIPEMD 等杂凑算法的分析进展,使得这些算法被破解成为现实可能,震惊了全球密码界和网络安全界。

利用王小云的研究成果,2008 年国际密码学者给出了 MD5 算法的碰撞实例,后来又成功伪造了 SSL 数字证书。目前,一部智能手机仅用 30 秒就可以找到 MD5 算法的碰撞。这些研究成果的碰撞案例正式宣告 MD5 算法已不再适合实际应用。

五、SHA-1 密码杂凑算法

SHA(Secure Hash Algorithm,安全杂凑算法)是美国国家标准与技术研究院(NIST)发布的一系列密码杂凑算法的简称。1993年,NIST 以 FIPS PUB 180 发布了 SHA-0 算法,但很快发现存在安全性问题而撤回。1995 年,SHA-0 算法的修订版本 SHA-1 算法以 FIPS PUB 180-1 发布。

SHA-1 算法的设计思想基于 MD4 算法,在很多方面也与 MD5 算法有相似之处,其输入长度应小于 2^{64} 比特,摘要值长度为 160 比特。SHA-1 算法曾一度被视为 MD5 算法的后继者,其主要用途与 MD5 算法相同。

2017 年 2 月,荷兰计算机科学与数学研究中心(CWI)和谷歌的研究人员合作完成了世界首例针对 SHA-1 算法的碰撞攻击,生成了两个 SHA-1 算法摘要值完全相同但内容截然不同的文件,针对 SHA-1 算法的攻击从理论变为现实,继续使用 SHA-1 算法存在重大安全风险,标志着 SHA-1 继 MD5 算法后也将退出历史舞台。

2017 年 4 月,国家密码管理局发布使用 SHA-1 密码算法的风险警示,要求相关单位遵循密码国家标准和行业标准,全面支持和应用 SM3 等密码算法。

我国已经发布的密码标准

一、密码国家标准

标准编号	标准名称
GB/T 25056-2010	信息安全技术 证书认证系统密码及其相关安全技术规范
GB/T 29829-2013	信息安全技术 可信计算密码支撑平台功能与接口规范
GB/T 32905-2016	信息安全技术 SM3 密码杂凑算法
GB/T 32907-2016	信息安全技术 SM4 分组密码算法
GB/T 32915-2016	信息安全技术 二元序列随机性检测方法
GB/T 32918.1-2016	信息安全技术 SM2 椭圆曲线公钥密码算法 第 1 部分:总则
GB/T 32918.2-2016	信息安全技术 SM2 椭圆曲线公钥密码算法 第 2 部分:数字签名算法
GB/T 32918.3-2016	信息安全技术 SM2 椭圆曲线公钥密码算法 第 3 部分:密钥交换协议
GB/T 32918.4-2016	信息安全技术 SM2 椭圆曲线公钥密码算法 第 4 部分:公钥加密算法
GB/T 32922-2016	信息安全技术 IPSec VPN 安全接入基本要求与实施指南
GB/T 33133.1-2016	信息安全技术 祖冲之序列密码算法 第 1 部分:算法描述
GB/T 32918.5-2017	信息安全技术 SM2 椭圆曲线公钥密码算法 第 5 部分:参数定义
GB/T 33560-2017	信息安全技术 密码应用标识规范

二、密码行业标准

标准编号	标准名称
GM/T 0001-2012	祖冲之序列密码算法
GM/T 0002-2012	SM4 分组密码算法
GM/T 0003-2012	SM2 椭圆曲线公钥密码算法
GM/T 0004-2012	SM3 密码杂凑算法
GM/T 0005-2012	随机性检测规范
GM/T 0006-2012	密码应用标识规范
GM/T 0008-2012	安全芯片密码检测准则
GM/T 0009-2012	SM2 密码算法使用规范
GM/T 0010-2012	SM2 密码算法加密签名消息语法规范
GM/T 0011-2012	可信计算 可信密码支撑平台功能与接口规范
GM/T 0012-2012	可信计算 可信密码模块接口规范
GM/T 0013-2012	可信计算 可信密码模块符合性检测规范
GM/T 0014-2012	数字证书认证系统密码协议规范
GM/T 0015-2012	基于 SM2 密码算法的数字证书格式规范
GM/T 0016-2012	智能密码钥匙密码应用接口规范
GM/T 0017-2012	智能密码钥匙密码应用接口数据格式规范
GM/T 0018-2012	密码设备应用接口规范
GM/T 0019-2012	通用密码服务接口规范
GM/T 0020-2012	证书应用综合服务接口规范
GM/T 0021-2012	动态口令密码应用技术规范
GM/Z 4001-2013	密码术语

续表

标准编号	标准名称
GM/T 0022-2014	IPSec VPN 技术规范
GM/T 0023-2014	IPSec VPN 网关产品规范
GM/T 0024-2014	SSL VPN 技术规范
GM/T 0025-2014	SSL VPN 网关产品规范
GM/T 0026-2014	安全认证网关产品规范
GM/T 0027-2014	智能密码钥匙技术规范
GM/T 0028-2014	密码模块安全技术要求
GM/T 0029-2014	签名验签服务器技术规范
GM/T 0030-2014	服务器密码机技术规范
GM/T 0031-2014	安全电子签章密码应用技术规范
GM/T 0032-2014	基于角色的授权与访问控制技术规范
GM/T 0033-2014	时间戳接口规范
GM/T 0034-2014	基于 SM2 密码算法的证书认证系统密码及其相关安全技术规范
GM/T 0035-2014	射频识别系统密码应用技术要求
GM/T 0036-2014	采用非接触卡的门禁系统密码应用指南
GM/T 0037-2014	证书认证系统检测规范
GM/T 0038-2014	证书认证密钥管理系统检测规范
GM/T 0039-2015	密码模块安全检测要求
GM/T 0040-2015	射频识别标签模块密码检测准则
GM/T 0041-2015	智能 IC 卡密码检测规范
GM/T 0042-2015	三元对等密码安全协议测试规范
GM/T 0043-2015	数字证书互操作检测规范
GM/T 0044-2016	SM9 标识密码算法
GM/T 0045-2016	金融数据密码机技术规范

续表

标准编号	标准名称
GM/T 0046-2016	金融数据密码机检测规范
GM/T 0047-2016	安全电子签章密码检测规范
GM/T 0048-2016	智能密码钥匙密码检测规范
GM/T 0049-2016	密码键盘密码检测规范
GM/T 0050-2016	密码设备管理　设备管理技术规范
GM/T 0051-2016	密码设备管理　对称密钥管理技术规范
GM/T 0052-2016	密码设备管理　VPN 设备监察管理规范
GM/T 0053-2016	密码设备管理　远程监控与合规性检验接口数据规范

名词解释

AES 算法：全称为 Advanced Encryption Standard，即高级加密标准，是美国国家标准与技术研究院发布的一种分组密码算法。

CA：证书认证机构（Certificate Authority），是对数字证书进行全生命周期管理的实体。

DES 算法：全称为 Data Encryption Standard，即数据加密标准，是一种分组密码算法，1977 年被美国联邦政府的国家标准局确定为联邦信息处理标准（FIPS），并授权在非密级政府通信中使用。

ElGamal 算法：1985 年提出的一种公钥密码算法，安全性依赖于有限域上离散对数求解这一难题。

PKI：即公钥基础设施（Public Key Infrastructure），是基于公钥密码技术实施的具有普适性的基础设施，可用于支撑机密性、完整性、真实性及抗抵赖性等安全服务。

RSA 算法：1977 年由 Ron Rivest、Adi Shamir 和 Leonard Adleman 基于大整数因子分解难题提出的公钥密码算法。RSA 就是由三位设计者姓氏首字母拼在一起组成的。

SM2 算法：一种椭圆曲线公钥密码算法，密钥长度为 256

比特。

SM3 算法：一种密码杂凑算法，其输出为 256 比特。

SM4 算法：一种分组密码算法，分组长度为 128 比特，密钥长度为 128 比特。

SM9 算法：一种基于身份标识的公钥密码算法。

安全认证（**Security Authentication**）：应用密码算法和协议，确认信息、身份、行为等是否真实。

比特币（**Bitcoin**）：基于区块链实现的一种去中心化的数字货币。

不可否认性（**Non-repudiation**）：也称抗抵赖性，是指已经发生的操作行为无法否认的性质。

对称密码算法（**Symmetric Cryptographic Algorithm**）：一般指加密和解密采用相同密钥的密码算法。

分组密码算法（**Block Cipher Algorithm**）：将输入数据划分成固定长度的分组进行加解密的一类对称密码算法。

公钥密码算法（**Public Key Cryptographic Algorithm**）：加密和解密使用不同密钥的密码算法。其中一个密钥（公钥）可以公开，另一个密钥（私钥）必须保密，且由公钥求解私钥计算是不可行的。

后门（**Backdoor**）：信息系统（包括计算机系统、嵌入式设备，如芯片、算法、密码部件等）中存在的非公开访问控制途径，可绕开信息系统合法访问控制体系，隐蔽地获取计算机系统远程控制权，或者加密系统的密钥或受保护信息的明文。

机密性（**Confidentiality**）：是指保证信息不被泄露给非授权的

个人、计算机等实体的性质。

基于多变量的密码（**Multivariate Cryptography**）：基于多变量二次方程求解困难问题设计的密码。

基于格的密码（**Lattice-based Cryptography**）：基于格上的最短向量、最近向量等困难问题设计的密码。

基于纠错码的密码（**Error Correction Code Based Cryptography**）：基于随机编码的译码困难问题设计的密码。

加密（**Encipherment/Encryption**）：对数据进行密码变换以产生密文的过程，即将"明文"变换为"密文"的过程。

解密（**Decipherment/Decryption**）：加密过程对应的逆过程，即将"密文"变换为"明文"的过程。

量子计算（**Quantum Computing**）：基于量子力学规律进行的信息处理过程。

量子计算机（**Quantum Computer**）：基于量子力学规律（如量子态叠加、纠缠等）设计的信息处理装置。

密码（**Cryptography**）：使用特定变换对数据等信息进行加密保护或者安全认证的物项和技术。

密码技术（**Cryptographic Technology**）：实现密码的加密保护和安全认证等功能的技术，主要包含密码算法、密钥管理和密码协议等。

密码算法（**Cryptographic Algorithm**）：实现密码对信息进行"明""密"变换，产生认证"标签"的一种特定规则。

密码协议（**Cryptographic Protocol**）：是指两个或两个以上参与者使用密码算法，按照约定的规则，为达到某种特定目的而采取的一系列步骤。

密码杂凑算法（**Hash Algorithm**）：一种将一个任意长的比特串映射到一个固定长的比特串的算法，具有抗碰撞性和单向性等性质，常用于数据完整性保护。简称杂凑算法，也称为密码散列算法或哈希算法。

密文计算（**Ciphertext Computing**）：通过对密文的处理，达到处理明文的目的。

密钥管理（**Key Management**）：根据安全策略，对密钥的产生、分发、存储、更新、归档、撤销、备份、恢复和销毁等密钥全生命周期的管理。

明文（**Plaintext**）：未加密的数据或解密还原后的数据。

区块链（**Blockchain**）：一种分布式数据存储技术，数据以时间顺序相连，基于杂凑算法和数字签名技术达到不可篡改、不可伪造的分布式记录，是比特币等数字货币的核心实现技术。

全同态密码（**Fully Homomorphic Cryptography**）：支持对密文进行任意计算的密码。

商用密码（**Commercial Cryptography**）：是指对不涉及国家秘密的信息进行加密保护或者安全认证所使用的密码。

商用密码应用安全性评估（**Commercial Cryptography Application Security Evaluation**）：是指在采用商用密码技术、产品和服务集成建设的网络和信息系统中，对其密码应用的合规性、正确性和有效性等进行评估的活动。

数字签名（**Digital Signature**）：签名者使用私钥对签名数据的摘要值做密码运算得到的结果，该结果只能用签名者的公钥进行验证,用于确认被签名数据的完整性、签名者的真实性和签名行为的不可否认性。

随机数发生器(**Random Number Generator**):用于生成计算不可预测比特序列的器件。

椭圆曲线公钥密码算法(**Elliptic Curve Public Key Cryptographic Algorithm**):椭圆曲线是域上的一种光滑射影曲线,曲线上的点构成一个代数结构——群,在此群上可以构建离散对数问题,基于该问题构建的公钥密码算法。

完整性(**Integrity**):是指数据没有受到非授权的篡改或破坏的性质。

序列密码算法(**Stream Cipher Algorithm**):将明文逐比特/字符运算的一种对称密码算法,也称"流密码"。

云计算(**Cloud Computing**):基于互联网提供的动态易扩展计算资源,是计算机和网络技术融合的产物。

摘要(**Digest**):杂凑算法的输出值。

真实性(**Authenticity**):是指保证信息来源可靠、没有被伪造和篡改的性质。

祖冲之算法(**ZUC Algorithm**):一种由我国学者自主设计的序列密码算法。

后　记

　　《商用密码知识与政策干部读本》（以下简称《读本》）编写，以习近平总书记网络强国战略思想为指引，以总体国家安全观为统领，深刻阐述了以密码为核心技术和基础支撑的网络安全观。《读本》既是对商用密码发展历程的回顾，也是对商用密码知识政策的传播，更是对新形势下推动商用密码应用的动员。编纂人员深入调查研究，广泛征求专家意见，认真撰写修改，于中华人民共和国68周年华诞、党的十九大即将胜利召开之际完稿。

　　参与《读本》编写的人员既有长期从事密码理论和政策研究的专家学者，也有在一线从事密码管理和应用实践的业务骨干。各章节参编人员如下：绪论，童新海、夏鲁宁；第一部分，杨亚涛、夏鲁宁、罗鹏、初小菲、张琼露；第二部分，李梦东、路献辉、李艳俊、杨莉、刘娟；第三部分，范盯阳、薛迎俊、杨超、张崇、李智虎、邸迪、赵振云、张琼露、雷银花；第四部分，刘健、冯雁、刘芳、牛路宏、许长伟、邓开勇、陈操；第五部分，陈海虹、阎亚龙、陈操、杨瑞玲、彭红、张全伟、程娜；附录，阎亚龙、周国良、张琼露、何悦。

　　李兆宗主持《读本》编写、审改，召集编委会全体成员讨论审定。徐汉良和毛明、张平武组织《读本》编写，罗干生、王满军、汪长生、刘延毓、牛路宏、许长伟、刘健、夏鲁宁作了核改校正。霍炜和马奇学、童新海、谢四江对全书进行了策划、统稿和审改。

蔡吉人、周仲义、倪光南、沈昌祥、邬贺铨、冯登国、刘平、孟繁浩、荆继武等对《读本》提出了许多宝贵意见，谨此致谢。

《读本》编写过程中，北京电子科技学院提供了有力的支撑；外交部、国家发展改革委、教育部、公安部、住房和城乡建设部、交通运输部、水利部、国家卫生计生委、中国人民银行、国家税务总局、国家工商总局、国家质检总局、国家新闻出版广电总局、银监会、证监会、保监会、能源局、测绘地理信息局、三峡办、中国铁路总公司等单位给予了积极帮助；吉林、上海、河南、湖南和甘肃等省（区、市）密码管理局给予了大力支持；中国电力科学研究院、中国银联、民生银行、长沙银行、中科院 DCS 中心、卫士通、吉大正元、江南天安、信大捷安、北京CA、兴唐科技、创原天地、华大电子、航天信息、福建凯特、蚂蚁金服、山东得安、中安网脉等单位提供了密码应用典型案例。在此一并致谢。

《读本》承蒙人民出版社惠允出版。李春生副社长、郑海燕编审从《读本》策划编写开始就积极参与，提出了宝贵意见；出版社十几位编辑放弃假期和周末休息，加班加点对书稿认真编校。在此，谨向人民出版社致以诚挚谢意。

商用密码事业在不断发展，由于编者认识的局限，书中表述难免有不妥之处，恳请读者批评指正。

《商用密码知识与政策干部读本》编委会

2017 年 9 月 30 日

出版总策划：黄书元　李春生　王　彤

策 划 编 辑：郑海燕　张　燕
责 任 编 辑：吴炽东　陈　登　陈光耀　刘　伟　李之美
　　　　　　姜　玮　孔　欢　罗少强　林　敏
封 面 设 计：林芝玉
责 任 校 对：吕　飞

图书在版编目（CIP）数据

商用密码知识与政策干部读本/《商用密码知识与政策干部读本》编委会 编著. —
　北京：人民出版社，2017.10
ISBN 978－7－01－018400－5

Ⅰ.①商…　Ⅱ.①商…　Ⅲ.①密码学-干部教育-学习参考资料
　Ⅳ.①TN918.1

中国版本图书馆 CIP 数据核字（2017）第 247833 号

商用密码知识与政策干部读本
SHANGYONG MIMA ZHISHI YU ZHENGCE GANBU DUBEN
《商用密码知识与政策干部读本》编委会　编著

人民出版社 出版发行
（100706　北京市东城区隆福寺街 99 号）

北京盛通印刷股份有限公司印刷　新华书店经销

2017 年 10 月第 1 版　2017 年 10 月北京第 1 次印刷
开本：710 毫米×1000 毫米 1/16　印张：16.5　插页：1
字数：176 千字

ISBN 978－7－01－018400－5　定价：56.00 元

邮购地址 100706　北京市东城区隆福寺街 99 号
人民东方图书销售中心　电话 （010）65250042　65289539